新装版　化学ぎらいをなくす本

化学再入門

米山正信　著

ブルーバックス

●装幀／芦澤泰偉・児崎雅淑
●カバーイラスト／大塚砂織
●本文イラスト／永美ハルオ

はじめに

　講談社の科学図書出版部の末武さんから「化学ぎらいをなくす本」というのを書いてみないか，というお話をいただきました。毎年何万という高校生が化学という学科と取りくみますが，そのうちのかなりの数の人が，化学ぎらいになっているのかもしれません。そういう人たちに，よし，もう一度化学に挑戦してみよう，という気をとりもどさせるような本を作ってみたい，というのが，依頼の主旨だと思います。

　私はもうかなり前『化学のドレミファ』という本を黎明書房から出しました。幸い多くの愛読者を得て，今もって中高校生諸君に引きつづき読まれています。『化学のドレミファ』を読んで化学が好きになり，中学高校の理科の先生になった方や，化学技術者になった方も，お便りいただいただけでもかなりの人数になっています。そのようなわけで，末武さんも私を選んで下さったのだと思います。

　しかし，この本がドレミファの焼きなおしになっては，出

版社にも，また読者にも申しわけないことです。それでこの本はまったくちがった角度から考えてみました。『化学のドレミファ』は，中学，高校で初めて化学に出会う方が，サブリーダーとして読んでいただくのによいように書かれています。それに対しこの本は，書名からもわかるように，一度化学に食いつき，どうもよくわからない，と一種の失意を味わった方を元気づけるためにと思って書きました。それで，化学とはこんな勉強なのだ，という解説的な部分と，化学を嫌いになりはじめた個所と思われるあたりを，少しちがった角度から見なおしてみよう，という部分とあります。第1章から第5章までと，第7章は解説を主としていますので，ベッドにねころがりながら，あるいは電車の中で，気軽に読んでいただいたら，と思うところです。そして，第6章と第8章，第9章は，少し勉強の構えで，時には教科書と比べながら，読んでいただいたら，と思うところです。従って，現在化学の勉強に直面していない方で，化学とはどんなもの，ということに関心を持って読まれる方は，ここはぬかして読んでいただいて結構だと思います。

この本の出来あがるまでに，ブルーバックスの編集部の方々，さし絵の方などに大変にお世話になりました。厚く御礼申しあげます。また原稿の整理清書に当たってくれた家内の労にも感謝したいと思います。

　昭和55年1月30日

米 山 正 信

新装版出版にあたって

　本書『新装版　化学ぎらいをなくす本』は、1980年に初版が出版された米山正信先生著『化学ぎらいをなくす本』を、内容は変えずに、新たに活字を組み直したものです。

　『化学ぎらいをなくす本』は、その内容のわかりやすさから大変多くの読者に支持され、初版が出版されてから2006年までに44刷を数えた、ブルーバックスシリーズの化学関連の本の中で最大のベストセラーです。しかし残念なことに、著者の米山先生は2002年10月に他界されました。

　『化学ぎらいをなくす本』は高等学校で学習する範囲の化学の「山場」を、原理・考え方を中心に、たいへん親しみやすく、かつ誰でもその本質が理解できるように解説されています。高校課程で学習する化学の基礎的な概念、理解しなくてはならない化学の原理はほとんど変わっていませんので、現在、高等学校で化学を学習する皆さんにとっても、『化学ぎらいをなくす本』は化学の理解に大いに役立つと確信しています。読み通していただければ、化学の本質が自然と理解でき、化学の面白さを感じていただけるはずです。「米山ワールド」を、ぜひ楽しんでください。

〈目　次〉

はじめに　(5)

I　化学式！　この憎いやつめ
1. なぜ H_2 はマルで，C_2 はペケなのか　(13)
2. 宇宙の中には C_2 もある　(17)
3. 地球上では C_2 はペケなのだ　(21)

II　われわれは宇宙の，破片の上の破片なのだ
1. 化けやすい方向がある　(28)
2. はじめに光ありき　(32)
3. 化けに化けて人間にまで　(37)

III　原子の国のイザナギ，イザナミ
1. イザナギ型原子とイザナミ型原子　(43)
2. 足りないどうしは仲間っこ
   ——原子の結びつき方　その1——　(51)
3. "あげるよ" "いただくわ" でいっしょに
   ——原子の結びつき方　その2——　(57)
4. 原子の戸籍——周期律表　(64)
5. イザナギどうしのがっちりスクラム
   ——原子の結びつき方　その3——　(72)
6. 何人の相手を結びつけることができるのか　(77)

Ⅳ 反応式を手なずける
1. $H_2 + O \longrightarrow H_2O$ も正しい!? *(88)*
2. 宇宙空間の原子や分子はどうして見つけるか？ *(95)*
3. 実際に反応式の係数をきめるには *(98)*

Ⅴ 箱入り娘を嫁がせる法
1. たとえ出会っても，熱がなければ反応しない *(104)*
2. 触媒という仲人さん *(111)*
3. やっぱり出会わなくては，始まらない *(114)*

Ⅵ いやな化学反応もパターンに分けてみると…
1. 強き者よ，汝は勝者なり *(118)*
2. 水素を追い出せる金属と，追い出せない金属 *(126)*
3. パートナーの組み替え
   その１．味なカップルができる時 *(129)*
4. パートナーの組み替え
   その２．蒸発するカップルができる時 *(135)*
5. キッカケがあれば別れます *(141)*
6. はげしい両人も中和するとおだやかに *(148)*
7. 放す方はとられたといい，手に入れた方はとったという *(154)*

Ⅶ 化学の難所〝モル峠〟
1. 人口がふえて地球と同じ重さになる日 !? *(163)*
2. 1ダースは12個，1モルは6×10^{23}個 *(168)*
3. 原子量とは，原子の重さではない *(171)*
4. いよいよ〝モル峠〟にさしかかる *(180)*

Ⅷ 何のための難所越え
1. 1ぱいのコーヒーから　*(186)*
2. おなかに入った砂糖の行く末　*(193)*

Ⅸ 風船はなぜふくらんだか
1. 気体になると分子はふくらむのか？　*(201)*
2. 宇宙空間にある物質は，固体なのか気体なのか？　*(206)*
3. 気体には自分の体積はない　*(211)*
4. 気体の法則　*(215)*
5. 気体の体積はその種類には関係がない　*(221)*
6. 反応する気体の体積を計算する　*(224)*

I ——化学式！　この憎いやつめ

1. なぜ H_2 はマルで，C_2 はペケなのか

　マリ子さんは，今日学校で返してもらった化学の答案を前において，プリプリと怒っています。
「兄きのやつ，ウソを教えやがった」
　それを聞いたお母さんが，まゆをひそめていいました。
「なんです，その言葉づかいは。女のくせに！」
「女で悪うございましたわね。では，お兄上さまはウソをお教えあそばしました，っていえばいいの？」
「なんだよ，ぼくがウソを教えたんだって？」
　いつのまに帰って来たのか，お兄上さまこと研一君が，はいって来ました。
「ここよ，ここ見て，お兄さん」
「どれどれ，なに，次の物質の化学式を書きなさい，という問題か。ホウ，ホウ，案外できてるではないか」
「ごまかさないで。ここを見てちょうだい。先日お兄さんは，C_2 という分子があるっていったでしょう。なのにペケ

よ，ほら」
「あはは，炭素の化学式はC_2か，そりゃペケだよ，あたりまえだよ，あはは」
「なにおかしいのよ，自分が教えたくせに」
「待てよ。ぼくは炭素の化学式がC_2だなんて教えやしないよ」
「教えたわよ」
「ちがうよ，えーと，ほら，この雑誌を見てた時だろう。宇宙空間はまったくの真空ではない，何種類もの化合物の分子すらある，ってところだ。赤色巨星(せきしょくきょせい)の大気中には，水素分子（H_2）やメチン基（CH）や炭素分子（C_2）があることが知られている，って。その時C_2といっただけだよ」
「そうよ。では，どうして水素はH_2でマルがもらえるのに，炭素はC_2でペケになるのよ」
「あはは，お前，ここは地球上だよ，地球の上で化学を習っているんだよ。たしかにこの問題には，地球上と断ってはないよ。しかし，わざわざはるか彼方の赤色巨星の上のことを書くことはないよ。だからC_2はペケなのさ」
「じゃ，地球の上と宇宙では，化学がちがうっていうの？宇宙を作っている元素は，どこも同じだっていうのはウソなの？」
「ウソではない。赤色巨星の中の炭素原子も，地球上の炭素原子も，炭素原子であることには変わりはない。ただ，赤色巨星の大気中には，C_2という分子が見つかったということ

I　化学式！　この憎いやつめ

で，それは地球上には，ふつうにはない。だから地球人のお前の習う化学のテストでは，C_2はペケっていうわけさ」
「どういうこと？　それ」
「条件がちがうってこと。地球上の環境では，C_2なんて形でそこらをウロウロしてはいられないってことなのだ」
「わかんないな，それどういう意味？」
「えーと，そうだなあ……あ，そうだ，こんなたとえを考えてごらん。おじいさんの知り合いに，戦争中南方の島のジャングルの中に逃げこんで，1年以上も2人きりでかくれていた，という人がいたことを知ってるだろう。平和な今の日本の社会で，いい年をした男どうしが，2人っきりで山の中で暮らしているなんてことはないけど，もしあったら，あいつら，かわってるやつらだなー，なんていわれるだろう。戦争中のジャングルの中だから，だれもおかしいと思わない。つまり，戦争中のジャングルの中では，C_2であり得ても，平和な社会にもどれば，すぐCO_2にでもならないといられないってこと。そのおじさんたちも，戦争が終わって内地にもどると，それぞれ別々に相手を見つけて結婚し，今ではいいおじいさんだろうが」
「へんな話。でも，それじゃ赤色巨星は戦争中ってわけ？」
「戦争中っていうのはたとえ。環境が大ちがいっていう意味さ」
「どうちがうの？」
「めんどうなやつだなあ。えー，しようがない，乗りかけた

I−1. C_2 ではなぜペケなのか？

船だ，つき合うことにするか。よし，夕飯がすんだら，理科学習表でも持って，ぼくの部屋においで。みっちりと教えこんでやる」
「はあーい」

I 化学式！ この憎いやつめ

2. 宇宙の中には C_2 もある

「さあ，持って来たわよ」

マリ子さんは，お兄さんの机の上に，理科学習表をおきました。

「よし」

研一君はそれをとりあげると，

「えーと，えーと，恒星の諸量。ここだ，ほら，ここを見てごらん。ここに赤色巨星の例として三つあがっているだろう。お前になじみのあるのは，オリオン座のベテルギウスかな。ほら，冬，東の空にあがってくる三つ星，あの三つ星の左上に赤い大きな星があるだろう。あれがベテルギウスだ。ここにでているように直径が太陽の1000倍もある大きな星だ。だから巨星という。ところで，ここ，密度のところを見てごらん，$4.9 \times 10^{-9} g/cm^3$ とあるだろう。これを使って考えてみようじゃないか。この密度というのは，星全体についてだから，大気はこれよりずっと密度が小さいはずだ。地球の大気も16kmほど上がると密度は10分の1になる。かりにベテルギウスの大気も10分の1とすると，$4.9 \times 10^{-10} g/cm^3$ ということになる。ところで，われわれの住んでいるこの地球上の大気の密度だが，これもこの表にあるだろう。えーと……ほらここだ。0℃，1気圧で $1.293 \times 10^{-3} g/cm^3$ とある。さあ，そこで計算してごらん，地球の大気を1とすると，ベテ

地球上の物質濃度

赤色巨星の大気

淋しいなァ！

Ⅰ—2．大気の密度はこうも違う

ルギウスの大気の比重はどのくらいか」

マリ子さんは，電卓をとりあげるとたちまち計算しました。

$$\frac{4.9 \times 10^{-10}}{1.293 \times 10^{-3}} = 3.79 \times 10^{-7}$$

I 化学式！　この憎いやつめ

「わあ，$1/10 = 10^{-1}$ だから，$10^{-7} = 1/10000000$ ね，1000万分の4よ，そんなに軽いの？」

マリ子さんが計算している間に，研一君は社会科事典を見ていましたが，

「東京都の人口は，1975年で1134万とある。切りのいいところで1200万としよう。そこで，1200万に，その3.79×10^{-7}をかけてごらん」

「あ，そうか」

マリ子さんは電卓のキーを押します。

$$12000000 \times 3.79 \times 10^{-7} = 1.2 \times 10^{7} \times 3.79 \times 10^{-7}$$
$$= 4.55$$

「わあ，4.6人よ」

「わかったね。地球の大気内の物質密度を東京都の人口密度とすると，ベテルギウスの密度は，東京都の中に4～5人の人がいるだけの希薄さ，ということになる」

「まるで無人の都市ね」

「ついでのことに計算してみるか。東京都の面積は2187km²だから

$$\frac{2187 \mathrm{km}^2}{4.6} = 475.4 \mathrm{km}^2$$

この平方根をとってみると，$\sqrt{475} = 21.8$，まあ，一辺が約22kmの四角の地域の中にたった1人いるということだ。これだと，となりの人のいる所がわかって，直線に歩いても1日行かなければ会えない。お互いにでたらめに歩いていた

ら，出会う機会なんか，何十年に一度かもしれない。たまたま会って2人で暮らすことになったとしても，そこへまた1人出会って3人になることは，一生の間にあるかなしかだ」

「うーん，それはわかるけど，お兄さん，いったい何の話なの？　これ」

「お前が炭素の化学式をC_2と書いてペケになったわけを考えているのではないか。いいか，今ベテルギウスの大気中に，炭素原子が1個あったとする。それが動きまわっている間に，もう1個の炭素原子と出会って結びついてC_2になったとする。つまり

$$C + C \longrightarrow C_2$$

だ。もし1個の水素原子と出会って結びついたとしたら

$$C + H \longrightarrow CH$$

だ。こうしてできた，C_2やCHは，次に第3番目の原子と出会って結びつくまでには，かなりの時間がかかる。それで，観測してみると，ベテルギウスの大気中には，C_2やCHがある，ということになる」

「ええ，それはわかるわ」

「ところが，地球上では，もしなんらかの事情でC_2ができたとしても，それは東京都なみの過密の物質世界におかれるのだ。大気中には炭素と大変結びつきやすい酸素もたくさんあるから，C_2はすぐO_2にぶつかってCO_2にでもなってしまうだろう。

　だから地球上を観察してもC_2という分子は見つからな

I 化学式! この憎いやつめ

い。だから地球上では、炭素を表わすのに、C_2と書いたらペケってわけ。わかった?」
「うーん、そうか。……でもね、でもね、では、どうして水素はH_2、酸素はO_2でいいの? 炭素だけC_2ではいけないって、不公平よ」

3. 地球上ではC_2はペケなのだ

「なんだ、今いったじゃないか。地球上のように物質が過密で、たえず他の物質と衝突する環境の中では、C_2は存在しえない。しかしH_2は存在できる、というだけのちがいさ。言葉をかえれば、C_2は不安定な状態だから、他のものと出会うとすぐ反応してしまうが、H_2の方はどうやら安定で、そうやたらとは他のものと反応はしない、ということ。だからH_2の状態で観察できるから、H_2と書く。水素も、時には、H、つまり原子が単独でいる時やH_3、つまり水素原子が三つ集まった状態もあるかもしれない。しかし、これらは他のものと出会うとすぐ反応してしまうから、ふつうの水素の状態を表わすにはH_2なのだ。言葉をかえると水素は2原子が結びついてH_2という分子状になっている方が安定だから、分子状でいるのがふつうだ、ということなのだ。H_2が安定だから、なにかのつごうでH_3ができても、すぐH_2とHにわかれてしまうので、ふつうの水素をH_3と表わすことはない」

「安定状態を表わすのか。すると,炭素はC_2よりCの方が安定だから,ふつうCと表わす,というわけね」

「そういうことだ。しかし,HとH_2,CとC_2は,ちょっと事情がちがう。どのような方法で作ったにせよ,集気びんの中や,気球の中に水素がある時,その水素はH_2という分子の集まりだ。もし分子が10個あれば$10H_2$と表わせばよいし,100個あれば,$100H_2$と表わせばよい。ふつう集気びんの中や風船の中にある水素の中の分子数はわからないから,まあいわばnH_2とでも表わすべきだろうな。しかしnはわからないから,最小単位を代表させて,H_2と表わすのだ。つまり,

H_2は

1. 水素であることを表わす
2. 水素分子1個を表わす

という二つの面があるということだ。

さて,炭素の方だ。ここに1個のダイヤモンドがあるとする。ダイヤモンドは炭素原子ががっちりと結びついてできている結晶だ。何個の炭素原子の集まりかわからないから,さしずめC_nとでも表わすべきだろう。それから,別に炭素の粉がいくらかあったとする。一粒一粒の炭素の中では,C_nで表わした方がよい結びつきもあるだろうが,そういう粒がたくさん集まっているのだから,まあ,$n_1C_{n_2}$とでも表わさねばなるまい。ここでnもn_1もn_2も確定した数ではないから,やはり最小単位を代表して,Cと書こう,というわけ

Ⅰ 化学式！ この憎いやつめ

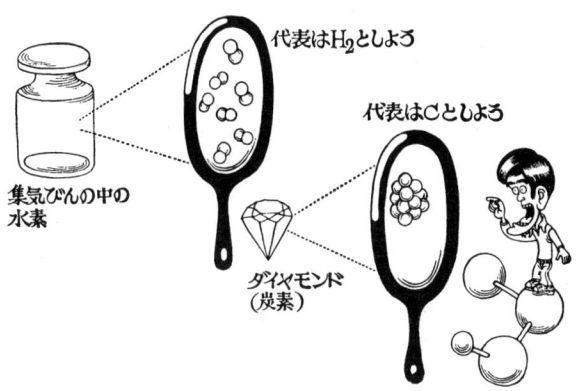

Ⅰ－3．水素と炭素の存在の仕方

だ。つまり，

　Cは

　1．炭素原子1個を表わす

　2．結びつき方の内容はともあれ，ある量の炭素を表現

ということになる」

「ちょっと待って。ここでn_1とn_2のちがいをもう少しはっきりさせたい感じだな」

「なるほど。もうお前にはわかっているかと思ったが，では復習しよう。

　HとかCとかOは，水素とか炭素とか酸素という元素を表わす記号だが，同時に，原子1個を表わす。つまり

　Hは

1．水素という元素を表わす（元素記号）
 2．水素原子1個を表わす（原子式）
その水素原子は，地球上では2個の原子が結びついて安定した分子を作っているから，その分子を H_2 と表わす。つまり，

 H_2 は
 1．水素分子1個を表わす
 2．水素分子は2個の水素原子からなる

というわけ」

「すると，右下の小さい数字の方は，1個の分子内の原子数を表わすわけね。それでは，$n_1C_{n_2}$ と書いたら，炭素原子が n_2 個結びついて分子になり，そういう分子が n_1 個ある，というわけね？」

「まあそう思っていい。ではこれはどうだ，どんなことを表わす？」

といって研一君は机の上の紙に

 $6C_6H_{12}O_6$

と書きました。

「あ，どこかで見た感じだなあ。まあいいや，つまり，これは，炭素原子6個と水素原子12個と酸素原子6個が結びついてできた分子が，6個あるってことでしょう」

「その通り。お前案外頭いいな。この $C_6H_{12}O_6$ というのはブドウ糖という物質の分子式だ」

「あ，わかった。植物の光合成の所で出てきたわ」

I　化学式！　この憎いやつめ

「そうだろう。ともかく、記号の右下に小さく書く数字と、前に書く数字とのちがいはわかったね」

「はーい」

「ところで、元素が単独で自然界にある場合、**単体**というね。ついでに2種以上の元素が結びついているものは、**化合物**。

それで、気体の単体の場合、分子がはっきりしているから、安定状態の単体を表わすのに、H_2とかO_2とか分子式を使う。ところが、固体の単体は、分子がはっきりしていないことが多いので、CとかSとかFe、などと、元素記号で表わすのがふつうだ。固体でも分子がはっきりしているヨウ素などはI_2と分子式で書く。さあ、これで炭素をC_2と書いてはペケだったわけがわかっただろう」

「うん、だけど、液体の単体はどうなの？」

「待っていました。常温で液体の単体は、水銀と臭素だけ。水銀は金属の仲間で、分子がはっきりしてないから、Hgと書き、臭素はCl_2の仲間で分子がはっきりしているので、Br_2と書く」

「化合物の場合も、それに準じて考えればいいわけね」

「そう。水はH_2O、二酸化炭素はCO_2というようにな」

「そうすると、化学式というのは、この地球上で、安定に存在する状態の時、その中の最小単位を代表として書く、と思えばいいのね」

「まあ、まずそんな理解で化学の勉強にはいったらいいだろ

う。

　ところでね，先ほど，水素はH_2の状態でどうやら安定，といったね。このどうやらの意味だが，水素は安定とはいっても，油断のできる物質ではない。ときどき，学校の実験室で爆発事故をおこしたニュースが新聞に出るが，多くの場合，水素と空気が混合していて，そこに引火したような場合の事故だ。

　つまり，常温付近で水素と酸素が混じっていると，そこでは，H_2分子とO_2分子がぶつかることがあるのだけれども，反応はせず，はねかえってしまうので，まあどうにか安定でいるといえる。ところが，点火して一部を熱してやると，分子のぶつかる速さが大きくなって，はねかえらずに反応する。

　それがまた次の分子にぶつかって次々と反応して，全体として，ドカンと爆発することになる。

　つまり，安定ということは，温度に大きく関係するのだな。太陽の中のような高温における安定と，宇宙空間の冷たい状態の安定とは，大きなちがいがあると考えるべきだろう。

　まあ，お前が習う化学は，地球上で人間があつかう状態の中でのことだから，炭素をC_2と書いてはペケ，というわけさ」

「そういうことか。そうすると，地球上の化学，太陽の化学，宇宙空間の化学，と別々にあると考えるべきなのね」

Ⅰ　化学式！　この憎いやつめ

「別々，というとまったくちがうようにとれるが，宇宙の中にある物質を構成している元素は同じものだ。だから，それらの元素の原子が，それぞれの条件の中でどう反応するか，ということが化学の根本とすると，どこにおいても化学に変わりはない。ただ条件のちがいが大きいので，区切りをつけて考える方がつごうがよい。その意味では，別々の化学があるといってもよいのだろう」

「それはそれとして，どうして宇宙の中にある元素は，どこでも同じなの？　同じとわかるの？」

「うーん，お前の相手をしていると，きりがなさそうだな。しまいには化学全体の講義をやらされそうだ」

「いいじゃないの，お兄さんだって，基礎化学の復習になるでしょう」

「こいつ！　自分が先生の講義を聞いててもわからんのをタナにあげて，ぼくに話させようってわけだな。だが今晩はだめだ，予定がある」

というわけで，マリ子さんは研一君の部屋から退散することになりました。

II ── われわれは宇宙の，破片の上の破片なのだ

1．化けやすい方向がある

「おい，今夜はな」
と，いきなり研一君がマリ子さんの部屋にはいって来ました。
「いやーっ！」とマリ子さんがなにかをかくそうとした時，机の端に置いてあったコップがころげ落ちてパリッとわれ，中に入っていたたくさんの一円玉がコロコロと床の上に散らばりました。
「いやねえ，いくら兄妹だって，ひとの部屋にはいる時は，ノックぐらいするものよ！」
　マリ子さんは，日記帳らしいものを後ろにかくしながら立ちあがって柳眉(りゅうび)を逆だてました。
「おお，これだ，これだ」
と研一君はマリ子さんの抗議にはおかまいなく，散らばった一円玉を見ています。
「なにが，これだ，これだよ。突っ立っていないで，拾って

Ⅱ　われわれは宇宙の，破片の上の破片なのだよ」

　マリ子さんは日記帳を机の引き出しにしまうと，しゃがんでガラスの破片を拾い始めました。研一君はそれを見おろしながら話し始めました。
「うーん，コップは机の上から床の上に落ちた。これはコップが高い所にあるより，低い所にある方が安定であるため，高い所から低い所へ移ろうとする傾向のあることだ。

　コップは割れた。こわれるのは簡単だが，この散らばった破片を集めてコップにすることは大変手間のかかることだ。つまり，こわれることの方が，起こりやすい方向ということだ。コップの中に集められていた一円玉は見事に床の上に散らばった。散らすのは楽だが，拾い集めるのはなかなか手間がかかる。

　このようにな，物体は，高い所にあるものは低い所に落ちようとし，集まっているものは散らばろうとする。その逆に，低い所にあるものを高い所にあげるには，手を加えねばならないし，散らばったものを集めるにも手を加える必要がある。これはな，この世界の中の物質のあり方に，一つの流れがあるからなのだ。その流れにそった方向には変化しやすいが，流れに逆らう方向の変化はむつかしい」
「そんな寝言みたいなこといっていないで，ほら，その本箱の後ろにはいりかけた一円玉，拾ってよ」
「寝言！　寝言とはなんだ。お前，昨日，ぼくに化学の講義をせよ，といったではないか」

「いったわよ。だけど，一円玉の散らばるのと，化学となんの関係があって？　化学の話は，化学の話で，ゆっくり聞くわよ」

「ああ，情けない。これだから化学もわからないわけだ。これも，昨日のお前の質問に対する答えの中なんだぞ」

「え？　だって，一円玉のはいったコップをこわしたのは，お兄さんが計画的にやったことではないでしょう？」

「それは，ぼくが，とっさに利用したにすぎない。調べて来たことだけをオウムみたいに話すのは，ヘボ先生のすることさ。オホン。

　いいか，よく聞きなさい。宇宙の中の物質の変化の方向には一つの流れがある。

　水素が燃えて，つまり酸素と化合して水になる方向は流れにそう方向なので，点火してやればあっという間に反応する。ところが，逆に水を分解して水素を作るのは容易なことではない。火事になれば，この家など30分もすれば燃えつくす。だが，この柱になっている木がこの太さにまで生長するのには，少なくとも50年はかかる。つまり燃えるのは，流れにそった方向だからだ。

　複雑なものはこわれて簡単なものになりやすく，熱いものはひえて冷たくなる。太陽もやがては熱を失って死の天体となり，地球上の人類もやがては滅亡する。

　このような流れの方向をね，**エントロピーの増大する方向**とか，簡単に，**乱雑さの増す方向**とかいう」

Ⅱ　われわれは宇宙の，破片の上の破片なのだ

「乱雑さを増すですって？　一円玉の散らばるのはわかるけど，物が燃えるのがどうして乱雑さを増すことなのよ？　散らばっているゴミを集めて燃せば，きれいに片づいてしまうじゃないの」

「集めるというのは人間が手を加えてやることで，流れの方向とは逆に変化させることだろう。燃えてできた灰だけを見れば，たしかにゴミの時より，こぢんまりとして，乱雑さがへったように見えるだろうな。だけど，煙として大気中に散らばった部分を考えてごらんよ。もう集めようったって集まらないほど乱雑さが増した，といえるだろうさ」

「うーん，そうか」

「だがね，反対方向の流れがないわけじゃない。今，燃えて煙になって大気中に散らばった部分は，もう集めようったって集まらないほど，といったけど，それは人間が短時間の間には，ということだ。

　今，煙の中の二酸化炭素と水を考えてみよう。お前が生物で習ったように，植物は光合成によって，空気中の二酸化炭素と水から，ブドウ糖を作り，また木を作る。

　これは簡単なものから複雑なものを作る方向で，乱雑さのへる方向だ。創造の方向といえるだろうな。創造は破壊より困難だが，この世界を大きな目で見ると，創造もけっこう行われているのだ」

「そりゃそうよね，人間も自然を破壊する一方，新しい道路や家を作っているものね」

2. はじめに光ありき

Ⅱ—1. われわれは宇宙の破片の上に,破片からできた存在

「はいってくるなり,コップをこわしたので,話が変化の方向ということになってしまったが,さあ,この前のお前の質

Ⅱ　われわれは宇宙の，破片の上の破片なのだ

問の答えにはいるとしよう。この広い宇宙の中の元素が，どうして皆同じなのか，というのだったな。

　なるほど宇宙は広い。地球に一番近い恒星でも，光の速さでとんで行って4年もかかる。SFの世界では，SLが空間を走ってアンドロメダ星雲にまでも行けるけど，アンドロメダ星雲は光の速さで走っても200万年もかかる遠い所にある。しかしそのアンドロメダ星雲も，まだまだ星雲としてはほんのお隣で，何億光年という遠い所にも星雲はたくさんあることがわかっている。

　そんな遠い所にある星雲の中の水素も，地球上の水素も，同じだなんて，たしかに不思議だな。同じように見えるけど，ならべてみたら，これは地球水素，これはアンドロメダ水素，なんて区別をつけなくてはならないのかもしれないとも思えるな。

　ところがだ。今の科学は，地球上の水素もアンドロメダの水素も，何億光年先の星雲の中の水素も，同じだ，としている」
「している，って，そういう仮定の上に立っている，っていうこと？」
「いやちがう。SFとちがって，科学は，実際の証明がなくてはならない」
「そんな遠くの水素を，とって来て調べたわけではないでしょう」
「そりゃ，とって来たのではないよ。とって来て調べたの

は，今のところ月の石だけだろう。えーと，話が混乱するから，それを調べる方法は，一時おあずけにしよう。

　その代わり，こんなことから考えてみよう。たしかにね，われわれ人間のレベルで見る時，宇宙は限りなく広い。われわれの属する銀河系とアンドロメダ星雲は，別の世界だ。しかし，宇宙全体を考えると，これは一つの世界で，別の宇宙ではない。

　そうだ，お前，キリスト教の聖書の中に，宇宙の始まりについて，「はじめに光ありき」とあることを知っているだろう。この宇宙の出発は，ただ光だけであった，というのだ。ところで最近，学者たちも，宇宙のはじめは，大爆発から始まった，と考えている。その大爆発の前はなんであった，ということは今考えないことにして，今あるこの宇宙の出発は，ドカーンという大爆発でスタートしたらしいというのだ。聖書の言葉どおり，はじめに光ありきだ。しかし聖書のいう数千年前なんていうのではなく，百数十億年も昔のことらしい。爆発の最初は，光，つまりエネルギーだけだったらしいが，その中から素粒子ができた」

「素粒子ってなによ？」

「うん，化学の立場では，物質を構成している単位になるものは原子だ。ちょうど東京駅は赤レンガという基本単位を積み重ねてできている，といったようにな。ところが，よく調べると，レンガも粘土の粒からできているというように，原子もさらに小さい基本になる粒子からできていることがわか

Ⅱ　われわれは宇宙の，破片の上の破片なのだ

った。陽子とか中性子とか電子などだ。これらを**素粒子**という。最近は，素粒子もたくさん発見されて，さらにその成分になる粒子を考えなくてはならないような形勢になっているようだが，今はそのことにはふれない。

　話をもどして，大爆発の中で素粒子が生まれ，それらが結びついて軽い原子が作られた。水素原子が大半で，その他ヘリウム原子など。

　爆発で広がっていくその水素やヘリウムのガスの中に，あちこち密度の濃い所ができ，そこから星雲が生まれた。その星雲のガスのかたまりの中に，さらに小さいかたまりがたくさんでき，それらが星になった。だから星の成分は大部分が水素で，それらは自分自身の重力でだんだん収縮し，その圧力で中心部は高温になっていく。やがてその中心部の温度が，何千万度にもなると，水素原子からヘリウム原子ができる反応がおこって，その熱で，星は本格的に輝き始める。われわれの太陽も，この反応で生ずる光を，われわれの地球にも送って来ているわけだ。

　そのうち，水素がだんだんへると，星の内部で，もう少し重い原子が作られるようになる。それから」
「ちょっと待って，軽い原子だ，少し重い原子だ，ってどういうこと？」
「あ，そうか，それも話さなきゃならんな。地球上には原子が92種類ある。その中で一番軽いのが水素で，一番重いのはウランだ。そのうち，それらの原子の構造も話さねばならん

が，重さだけ比べても，ウラン原子は水素原子の238倍も重い。簡単にいうと，ウラン原子は水素原子を238個かためてできているようなものだ。このように原子の中にも軽い単純なものから，重い複雑なものがある。それで，大別して軽い原子，中くらいの原子，重い原子といっているわけだ。

　さあ，それで，星の中で，だんだん重い原子ができて，星の中心部にたまっていくと，熱を出す反応をおこす層が，中心から外側の方に移っていく。中心部はさらに高温になって，さらに重い原子核が作られる。そのうち，外まわりにある水素が，熱を出す反応をしている層に流れこんだりすることから，星が爆発することがある。この爆発の原因については，まだわからないことが多いようだが，とにかくその大爆発の中でさらに重い元素の原子が作られ，できた原子は，吹きとんで宇宙の中に散らばる。そのガスの中から，また新しい星が生まれる。こうしてできた２代目の星は，１代目の星より，重い原子を多くふくむことになるだろう。だから，地球のように重い原子をたくさん持っている惑星を持つ太陽は，少なくとも２代目より後にできた星だということができるだろう」

「では，地球は，どこかの星の爆発の中でできたってわけ？」

「爆発の中でできた原子が集まってできた，ということ」

「おもしろいわねえ」

「おもしろいけど，星の世界のことは今はやめて，化学に関係した原子のことを話す。

Ⅱ　われわれは宇宙の，破片の上の破片なのだ

　さあ，今までのことをまとめると，最初の大爆発で
　　エネルギー（光）──→素粒子
　　素粒子──→水素原子やヘリウム原子
という物質創造が行われた。
　次に星の中で
　　水素原子──→ヘリウム原子──→中程度の重い原子
と進み，新星の爆発の中で
　　中程度の重い原子──→重い原子
というように創造された，ということになるだろう」
「爆発という，こわれる方向の流れの中で，反対に創造が行われるってわけね」
「そう，そう，そこがおもしろいところ。創造の方向の反応はエネルギーを必要とするから，より大きなエネルギーの出る破壊の中で行われる，というのかな。エネルギーのこともまた話さなければならないが，今は，物質の創造の流れをもう少し考えてみよう」

3．化けに化けて人間にまで

「さあ，宇宙の生々流転の中で，第何代目かの星として太陽系ができ始めた。その大きな原始太陽系のガス雲の中は，まだ水素が大部分だけれども，重い原子もある。それらが集まる過程の中で，原子と原子がぶつかって化合物ができたりする。例えば

水素原子＋酸素原子 ⟶ 水分子
　　水素原子＋窒素原子 ⟶ アンモニア分子
　　炭素原子＋酸素原子 ⟶ 二酸化炭素分子
　　炭素原子＋水素原子 ⟶ メタン分子
等々。その他，岩石の成分になる，ケイ素と酸素の化合物もできていた。

　それで，原始太陽系のガス雲の中には，これらの化合物や金属の原子の集まりなどが微粒子となって混じっていたのだろう。

　さあ，その原始太陽系ガス雲の中心に太陽ができ，そのまわりに惑星ができた。その過程で，まことに微妙ないきさつから，太陽に近い所に，重い微粒子が多く集まった惑星ができ，遠い方には，軽い微粒子が多く集まった惑星ができた。つまり，地球や金星のような岩石質の惑星と，木星や土星のような密度の小さい惑星だ。そして，地球の位置に，岩石質で水をたくさん持った，さらにそれ以後の物質創造にまことによい条件の星ができたということになる。

　いいかい，宇宙空間や原始太陽系ガスの中で
　　原子 ⟶ 簡単な化合物
という物質の創造が進んだ。そして，地球上で
　　簡単な化合物 ⟶ 複雑な化合物 ⟶ 生命を持つ化合物
と進み，さらに
　　下等生物 ⟶ 高等生物 ⟶ 人間
という進化が行われたことがわかるだろう」

Ⅱ　われわれは宇宙の，破片の上の破片なのだ

「うーん，そうか。今まで，進化というと，下等生物から高等生物に進化することだとばかり思っていたけれど，原子から化合物，そして生物というのも，つなげて考えられるわけね」

「というより，生物と生物でない物質，と分けるのではなく，生命現象も，物質の結びつき方の上に現われる性質の一種だ，と考えたらどうだろう」

「……それ，どういうこと？」

「例えばだ，水素の性質と酸素の性質のどこを見ても，水の性質はないだろう。ところが水素と酸素が化合して水になると，水特有の性質が現われる。その水と二酸化炭素から光合成によってブドウ糖ができる。すると，もう，水や二酸化炭素の性質とはまったくちがった性質が現われるだろう。

　このように進んで，あるタンパク質を中心とした物質の集まりの中に，生命現象という特有の性質が現われたのだ，と考えたらどうだろう」

「うーん，そうか」

「やがてもっと複雑な化合物の集合体として，だんだん高等といわれる生物ができ，人間という知的な働きのできる性質が現われた，としたら」

「じゃあ，これからまた何万年何十万年と進化したら，スーパーマンというか，もっと特別な性質を持った生物もできる，ってわけね？」

「考えられないことはないね。なにも人間が進化創造の最後

のものだ，という根拠はない。人間を最高級の生物だ，と思うのは，人間のうぬぼれということだろうからね」
「そういう生物が現われたら，私たちが今，人間の祖先はサルだったというように，その生物は，おれたちの祖先は人間だった，なんていうのね，きっと」
「まあそういうことだろう。それはともかくとして，これで，この宇宙の中には，乱雑さを増す，というおこりやすい変化の方向と，その反対に，乱雑さをへらし，より秩序のあるものを作る方向の流れもあることがわかっただろう」
「ええ」
「そして，人間という物質の集まりは，まあこの進化創造の流れの中では，かなり高等のもの，と思ってもよいだろうな。その人間の自己中心的な考えからすれば，この大宇宙の中で，最初の大爆発から百数十億年の間におこったさまざまな変化は，この地球上に人間を作るための条件づくりだった，ということになるかもしれない」
「あ，ねえ，ねえ，その条件づくりを，計画的にやった人がいたとしたらどう？　それが神様よね，きっと」
「そう思いたければ思うのもいいが，それは科学ではない。今は科学の話だから，宇宙の創造の流れにのって，人間が現われた，としよう。だから，この宇宙の中には，その流れにのって，別な星の上で，人間と同じような知的な生物も，たくさんできている，という可能性もあるわけだ」
「あ，そうね，宇宙人のいる可能性もあるわけね」

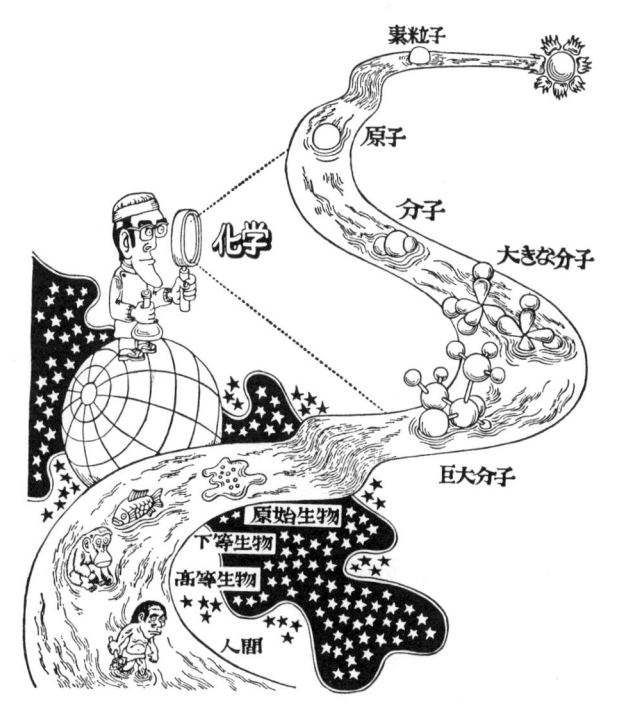

Ⅱ　われわれは宇宙の，破片の上の破片なのだ

Ⅱ－2．化学の領分

「さあ，話を本すじにもどすとしよう。そのような流れを，われわれ人間が研究するつごう上，こんなふうに分類している，と考えたらどうだろう。

　　エネルギー ⟶ 素粒子……素粒子物理学
　　素粒子 ⟶ 原子……原子物理学または核化学

```
原子 ⟶ 化合物……化学
化合物を主としての  ⎫
物体の動き         ⎬ ……物理学
生命現象の現われた   ⎫
化合物について      ⎬ ……生物学
```

　まあざっとこんなものかな。こうしてみると、お前が今勉強しようとしている化学の位置がはっきりするだろう。つまり、原子の集合離散を中心とした物質の学問ということになるかな」
「そうか。化学式を暗記したり、製法だ性質だとおぼえるだけのことではない、と知る必要があることね」
「そう、汝自身を知れ。自分ってなんだろう？　人間ってなんだろう？　それを考える一面として、化学があると思おうじゃないか」
「うーん、さすが私より５年早くこの世に顔を出しただけのことはある、としてあげるわ、お兄さん」
「こいつ！」
　研一君はマリ子さんのおでこをこづきました。こういう現象は心理学の対象でしょうが、研一君の手の中では化学変化がおきており、こづく力とマリ子さんの頭の動きの間には、物理学の法則がなりたっていることになるでしょう。

Ⅲ——原子の国のイザナギ,イザナミ

1. イザナギ型原子とイザナミ型原子

「おいマリ子,日本列島はどうしてできたか知っているか」と研一君がニヤニヤしながらマリ子さんの部屋にはいって来ました。
「なによ,今日は地学の話にしようっていうの?」
「いやちがう。大昔,イザナギ,イザナミという男の神様と女の神様が天から降りて来た。そして男の神様が〝いとしいつまよ,おれの身体には,できあがって一つ余分なものがついている〞といった。すると女の神様が,〝あらあなた,わたしの身体はできあがって,一つ足らないところがありますわ〞といった。すると男の神様は,〝それでは,そのお前の足りないところに,おれの余った部分を入れて,国を生もうではないか〞といった。そして,この日本の国が生まれた,というのだ」
「いやらしい。どうしてそんな話をわざわざ私の所にいって来るのよ」

「いやらしいもんか，化学の話に来たんだぞ。日本の大昔の人は，実にうまく創造の原理をいい表わしたものだ，とぼくは感心しているのだ。

この前，宇宙の始まりは大爆発であって，その中で素粒子から軽い原子ができた，そして星の中でいろいろな原子ができた，と話したね。そして化学は，できた原子の結びつき方の勉強だって。今日はその話なんだぞ。

というわけで，できたある原子は，別の原子に出会うとこんなふうにいうだろう。〝おれの身体はできあがって余分なものがついている〟すると相手の原子はいうだろう。〝わたしの身体はできあがって少し足りないところがある〟そこで，では，〝つごうしあって，化合物を作ろうじゃないか〟」

「いやねえ，原子がそんなこというものですか」

「お前はすぐいやらしいとか，いやねえ，というが，子どものブロックあそびだって見てごらん，はめこむところと，はめこまれるところがあって，それを結合させていろいろな形を作りあげていくではないか。原子もそうなのだ。実にうまくできている。この前お前は神様という言葉を使ったが，ほんとに神様というような創造主がいて，計画的に原子の構造をきめたのか，と思えるくらい巧妙にできているのだぞ。とても偶然の産物とは思えないくらい。

で，今日は，その原子の構造から話そうと思って来たのだ。いやらしいなんて気持ちを捨てて聞くのだぞ」

研一君はそういって持って来た図をひろげました。（第Ⅲ

III 原子の国のイザナギ，イザナミ

—1図)

「はーい」

マリ子さんは，やっと勉強らしいまじめな顔になりました。

「まず一番かんたんな水素原子からだ。

水素原子はね，陽子というプラスの電気を持った素粒子1個と，マイナスの電気を持った電子という素粒子1個からできている。陽子は電子の重さの1840倍も重いので，陽子のまわりを電子がまわっている，と思

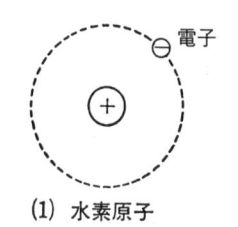

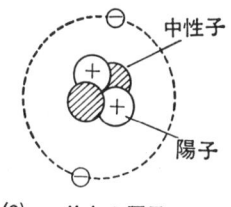

(1) 水素原子

(2) ヘリウム原子

Ⅲ—1．かんたんな原子の構造

えばよい。ただしね，地球のまわりを月がまわっていると同じように二つの固体を考えてはいけない。素粒子の世界は人間の目で見るような常識の世界ではないのだ。まあ，陽子のまわりにマイナスの電気の雲がある，と思えばいい。しかしこれから示す図では，模型的に地球のまわりをまわる月のように描くけれどね。

まあ，こんなぐあいに」（第Ⅲ—1図の(1)）

「これは知ってるわ，見たことある」

「よし，では2番目に軽い原子，ヘリウム原子だ。これは陽

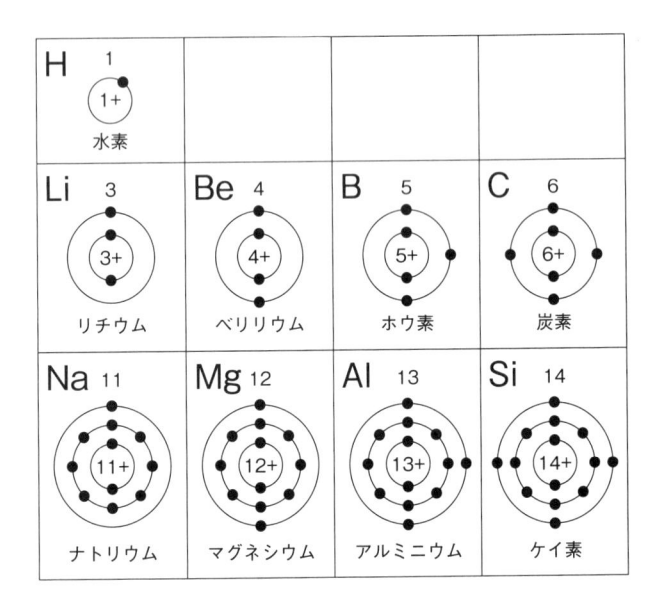

H 1　(1+)　水素			
Li 3　(3+)　リチウム	Be 4　(4+)　ベリリウム	B 5　(5+)　ホウ素	C 6　(6+)　炭素
Na 11　(11+)　ナトリウム	Mg 12　(12+)　マグネシウム	Al 13　(13+)　アルミニウム	Si 14　(14+)　ケイ素

Ⅲ—2．原子の電子配列（次のページに続く）

子2個と，中性子という電気を持たない素粒子2個の，計4個の粒が原子核を作っている。陽子の数は2個だから，プラスの電荷は2だね。それでまわりに電子が2個まわっている。(第Ⅲ—1図の(2))

　次に，3番目に軽いリチウム原子だ。陽子が3個と中性子が4個とで原子核ができている。そして，まわりには電子が3個まわっている。ところがだ，こんどは3個の電子は，同

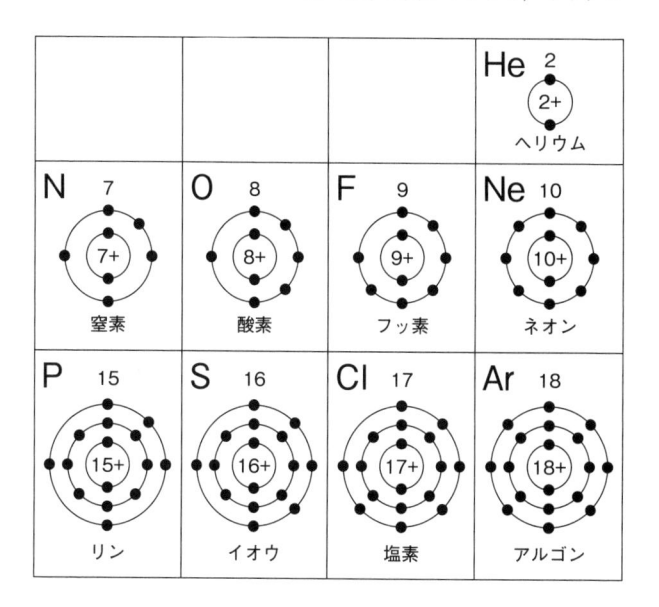

III 原子の国のイザナギ、イザナミ

			He 2 (2+) ヘリウム
N 7 (7+) 窒素	O 8 (8+) 酸素	F 9 (9+) フッ素	Ne 10 (10+) ネオン
P 15 (15+) リン	S 16 (16+) イオウ	Cl 17 (17+) 塩素	Ar 18 (18+) アルゴン

じ球面をまわってはいない。原子核に一番近い電子のまわる球面、これは電子殻というが、ここには2個の電子しかまわれないのだ。それで3番目の電子は、もう一皮外側をまわる。つまり、リチウム原子の電子殻は二重構造になっている。（第III—2図）

さしずめ水素原子やヘリウム原子は、ピーマンみたいで、リチウム原子から後の原子は、ナシやリンゴのように、芯の

まわりと皮と,二重構造ということだ」
「どうして2個以上同じ殻をまわれないの?」
「うん,今のところはできあがった身体を見たら,そうなっていた,ということにしておく。だけどな,この,一つの殻にはいれる電子数に制限のあることが,原子と原子が結びつくのに,とてもつごうの良いことになっているのだぞ。造化の妙といおうか,偶然にしてはよくできすぎている。

とにかく先に進もう。4番目に軽い原子はベリリウムだ。もう中性子の数は略して陽子の数,つまりプラスの電荷数だけを書いていくよ。つまり,内側の殻に2個,外側の殻に2個,計4個の電子がまわっている。

次は5番目のホウ素だ。プラスは5個,従って電子も5個,内側の殻は2個で外側が3個だ。次は6番目の炭素」
「ちょっと待って。それでは軽い方から原子をならべて番号をつけると,その番号の数だけ陽子があって,従ってその番号と同じ数だけの電子がまわっているってことになるの?」
「おお,わが妹ながら,よいところに気がついた。いかにもその通り」
「だって不思議,もっと複雑な原子になったら,軽い順番と陽子の数がちがったのがあってもよさそうじゃない。でなけりゃ,あまりうまくできすぎてるわ」
「あはは,いかにもその通り。うまくできすぎているが,原子の構造の複雑さが増す順番と,陽子の数はぴったり同じなのだ。

III　原子の国のイザナギ，イザナミ

　もっとも，陽子が一つずつ加わって，順に複雑さが増した原子ができていくとすれば，うまくできすぎているといっても，当然なんだけどな。

　それでね，原子核の中の陽子の数，つまりは外をまわっている電子の数を，その原子の**原子番号**というのだ。

　同じ番号といっても，出席番号などは，そのクラスの中であいうえお順にならべて何番目ということで，クラスがちがえばちがう。成績順位なんかも，テストのたびに変化する，いわば一時的なものだ。

　それに比べると，原子番号は，その原子の構造と結びついた，絶対のものなのだ」

「そういえばそうね。それにしても，途中飛んだりすることなく，よくつづいてできたものね」

「さあ，よくできているもう一つ。この図（第Ⅲ―2図）を見てごらん。原子番号が6，7，8，9，10と進んで，炭素，窒素，酸素，フッ素，ネオンと，ここまではいいな」

「いいってどういう意味？　あら，よくはないわ。だって，ヘリウムからリチウムへ移るときは，電子の殻が2個で満員だといって，外側の殻にはいったのに，どうしてこの列では，こんなにたくさんはいれるのよ」

「えへへ，それそれ，そこなんだ。電子の殻に内側から1番2番と番号をつけると，1番目の殻は電子2個で満員だが，2番目は8個まで入れるのだ。それで，原子番号10のネオンで，2番目の殻が満員になって，11番目のナトリウムは，3

番目の殻に1個の電子がはいっていることになる」

「どうして，どうして？　どこから8個という数がでるのよ？」

「うーん，そうだな，お前が今習っている化学は，化学の小学校だ。その上に中学校，高等学校とある。どうして8という数がでるかは，高等学校くらいになってのことだ。今は，イザナギの神様みたいに，できあがった身体を見たらそうできている，と思ってくれ」

「なーんちゃって，ごまかすつもりじゃない」

「まあ，あわてない，あわてない。とにかくつづきを進めよう。ナトリウムの次は12番目のマグネシウム原子だ。これは3番目の殻に2個電子がのる。以下，13番のアルミニウム，14番のケイ素，15番のリン，16番のイオウ，17番の塩素，18番のアルゴンと，3番目の殻の電子が一つずつふえていって，アルゴンで8個になる。ここで3番目の殻は満席になって，次の19番のカリウムは，4番目の殻に電子が1個はいることになる。

　まあこの図はここまでしかないが，以下同様に，だんだん外側の殻がふえていくと考えてくれ。

　正直いうとな，この次からは，もうちょっと複雑な事情が出て来るのだが，原子がどうして結びつくかを考えるには，ここまででよいのだ。後はまた後で勉強しよう」

「なんだかごまかされているみたいだけど，まあ，むつかしすぎてわからなくなるよりいいわ。信ずることにします」

Ⅲ　原子の国のイザナギ，イザナミ

「よーし。では，もう一度この図を見てくれ。この図のタテにならんだ原子を見ると，外側の電子殻が似ていることがわかるだろう。つまり，水素，リチウム，ナトリウムというのは，できあがった自分の身体を見たら，一つ余分な電子がついていた，という，イザナギ型であることがわかるだろう。他方，右から2列目の，フッ素，塩素を見ると，一つ電子が足りないわ，という，イザナミ型であることがわかるだろう」

「いやーね，またそんな話」

「つまらんこと考えずよく聞け。左から2列目のベリリウム，マグネシウムは，電子が2個余分。反対に酸素，イオウは，2個不足だろう。そしてまん中の炭素，ケイ素の列は，4個余分ともいえるし，4個不足ともいえるだろう」

「では，一番右のヘリウム，ネオン，アルゴンは，余分でも不足でもない原子というの？」

「そうそう，そこが大事なところ」

2．足りないどうしは仲間っこ
——原子の結びつき方　その1——

「もし，だな，イザナギ，イザナミの2人の神さまが，どちらも，できあがった自分の身体を見るに，完全無欠で，どこにも余分なものもついていなければ，不足のところもありません，というのだったら，過不足補いあって新しい国づくり

などしなかったであろうな。〝あら結構でございますわ〟とすれちがって通ってしまっただろう。

　原子もそうなのだよ。ヘリウム原子やネオン原子は，新宿駅のラッシュ時なみの他の原子の群れの中においても，絶対に他の原子と反応しない。だから，いつもヘリウムはHeとしか書き表わされない」

「完全に孤独な人ってわけ？　淋しいわね」

「おっと待った。孤独だとか淋しいという発想は，すでに相手を求めて得られない，という欲求不満を根底においていることなのだ。そういう意味なら，宇宙空間に他原子と出会うことなくさまよっているH原子などが，淋しい孤独の存在というべきだ。

　そうではなくて，ヘリウムやネオン原子はね，淋しくなんかない孤独，満足な孤独なのだ。だれをふりむくこともなく，ひとりで居られるのだ。それでこの仲間をね，不活性気体という。他のものと反応することがないから，絶対安全，それでヘリウムは軽いこともあって，気球につめたりする。

　この不活性気体の仲間以外の原子は，他の原子と接触すれば結びついて，なるべく電子殻の構造を不活性気体に近づけようとする。そして，そのような構造になると，安定する。これが化合の秘密なのだ。

　例えば，今宇宙空間にH原子が1個孤独な旅をつづけていたとする。この状態を化学式で表わせば，Hだね。さあ，そこでもう1個のHと出会ったとする。すると，互いに自分の

Ⅲ 原子の国のイザナギ,イザナミ

まわりの電子を,相手のまわりにもまわして,2個の電子を共有して,電子殻の構造を,ヘリウムと同じにする。(第Ⅲ—3図)

反応式で書いてみると

　H + H ⟶ H_2

ということだ。H_2は水素の分子というわけだ。もう安定した状態だから,ちょっとや

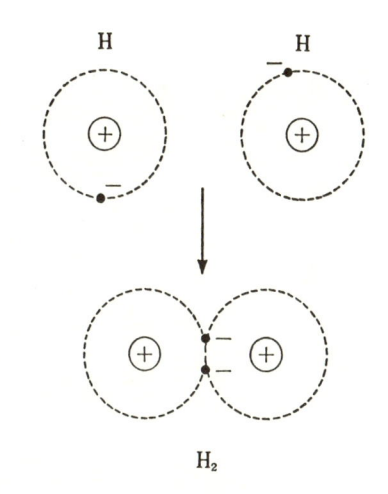

Ⅲ—3．2個の電子を共有して安定する水素原子

そっとのことでは他のものと反応しない。だからこのH_2を東京都の人口密度なみの物質密度の地球上で,反応しやすい酸素分子O_2と混ぜておいても,常温ではだいじょうぶというわけ」

「では,どうして点火すれば反応するのよ」

「あわてない,あわてない。それはまたおいおい話すから,今は,原子の結びつき方をしっかりわからせる。

　ではいいか,またはじめにもどって,宇宙空間に,ローン

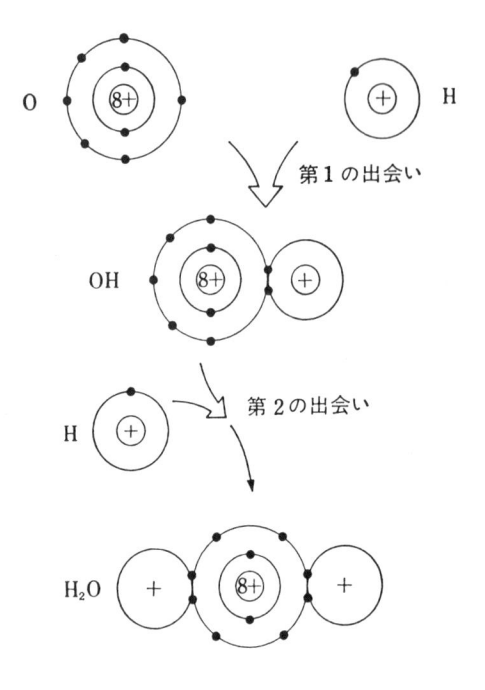

Ⅲ—4．宇宙空間で水分子ができる（共有結合）

リーHがさまよっていたとする。そして今度は，O原子と出会ったとする。

　すると，こんなように結びつく。（第Ⅲ—4図の上）

　式に書くと

　O + H ⟶ OH

Ⅲ　原子の国のイザナギ，イザナミ

　宇宙空間には，こうしてできた OH という分子が，かなりあるというわけ。
　ところで，この OH の電子構造図をよく見てくれ。水素の原子核のまわりには，たしかに電子が2個あることになって，満足の状態になっている。しかし酸素の原子核のまわりでは，外側の電子殻には，7個の電子がまわっていることだろう。2番目の電子殻は，8個の電子がはいって満員安定だったね。だから，OH の結びつきだけでは，H の側は満足だが，O の側はまだ満足ではないことだろう」
「まだ，わたしの身体には足らないところがある，ってわけね」
「あはは，国造りの神様の場合は，過不足一つずつでよかったのだろうが，原子の場合は，過不足が1とはかぎらないのだ。
　さあ，そこで OH はまだ淋しい旅をつづける。そしてやっと次の H に出会って結びつく。（第Ⅲ—4図の下）
　つまり式で書くと
　　$OH + H \longrightarrow H_2O$
だ。さあ，よく図を見てくれ。こうなると，両方の H のまわりにも電子は2個ずつ，そして O の電子殻の中には8個，ということで，3者とも満足というわけ。H_2O は水だ。水は大変安定な物質であることがわかるだろう」
「なるほどね，電子を仲間っこすることで，どちらにとっても，自分のまわりに，過不足なくあるような気になるのね」

「まあ，人間的表現をすればそういうこと。それだから，あなたなしでは，とばかり強く結びついていることになる。

　このようにね，電子を一つずつ出しあって，対の電子を仲間っこして結びつく，原子と原子の結びつき方を，**共有結合**という。共有する電子は2対や3対のこともある。

　地球上のような人口密度ならぬ物質密度の中では，とにかくなんらかの安定状態にまで反応が進むので，例えばOHのような中途半端な化合物はないと思ってよい。しかし宇宙空間にはありうるわけだ。

　実際に宇宙空間では，OHつまりヒドロキシ基のほか，メチン基（CH），シアン基（CN），アンモニア（NH_3）などなど，いろんな化合物のあることが確認されている。なかには，われわれが聞いたこともないようなものもあるが，メチルアルコールなんてポピュラーなのもある」

「アルコールがどうして宇宙空間にあるのかしら？」

「うん，地球上でメチルアルコール（CH_3OH）を製造するには，一酸化炭素と水素の気体を混ぜ，300〜400℃，200気圧という高温高圧下で触媒をつかって合成するのだ。宇宙空間にも確かに一酸化炭素や水素があるが，しかし200気圧という過密状態はとうてい宇宙では考えられないね。だから宇宙空間では，地球と同じ道すじでメチルアルコールができるとは思えない。ぼくの推察だが，メチン基とヒドロキシ基が出会い，それに水素がぶつかってできたと思う方がいいだろう」

「あ，それでわかったわ。木星にはアンモニアがあるって聞

Ⅲ　原子の国のイザナギ,イザナミ

いて,どうしてアンモニアなんてできたのだろうと思ったけど,地球上でアンモニアを作ることと同じに考えなくていいわけね」

「そうだよ。原始太陽系のガス中には,窒素原子と水素原子の衝突で直接できたアンモニア分子がかなりあったことだろうよ。

　要は,宇宙空間のように物質の出会いの少ないところでは,中途半端な不安定な化合物が,かなり長時間存在する。だから,ふつう地球上では見なれないような名前のものがあることになる。しかし,地球上のような,過密な世界では,だいたい反応が行きつくところまで進んで,安定な化合物になっている,ということがいいたいのだ」

「いいわ,わかったわ。つまり地球上では原子は,なんらかの相手と,電子を仲間っこして安定な化合物になっているってわけね」

3. "あげるよ" "いただくわ" でいっしょに
―― 原子の結びつき方　その2 ――

「待ってくれ,仲間っこでない方法もある。こちらの方が,イザナギ・イザナミ的な結びつきかもしれん。

　仲間っこするというのは,電子を欲しい強さというか,いらない強さというかが,互いに同程度の時のことだ。もし,一方はあげます,他方はぜひとも欲しい,という時は,仲間

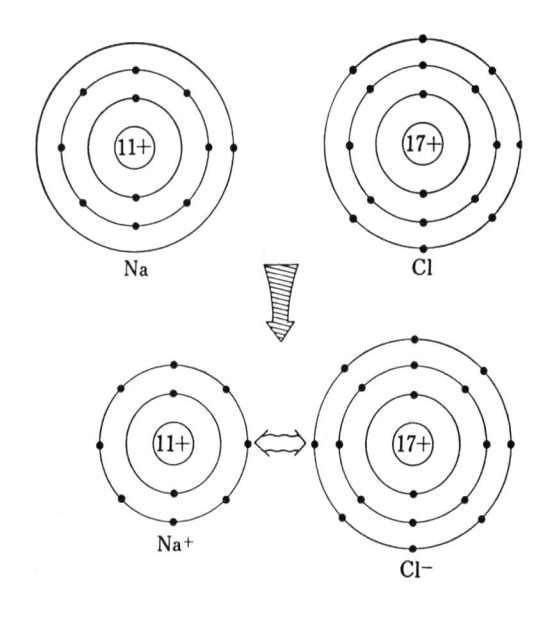

Ⅲ—5. イオン結合をした食塩

っこよりは，やりとりになると考えられるだろう。

　そうだな，身近な物質で，食塩，つまり，塩化ナトリウムを考えてみよう。塩化ナトリウムは，ナトリウムと塩素の化合物だ。それで，また前の図（第Ⅲ—2図）を見てみよう。ナトリウムは原子番号11番の原子だから，この図のように，中側から1番目，2番目の殻は満員で，3番目の殻に1個電子がある。そして塩素は17番目で，同じく1番目，2番目の

III 原子の国のイザナギ，イザナミ

殻は満員で，3番目の殻が7個で，あと1個電子があれば満員，つまり，不足が1個の原子だ。これらを別にならべて書いてみよう。(第Ⅲ—5図)

さあ，ナトリウム原子は，余分が一つある原子，塩素は不足が一つある原子，まさにイザナギとイザナミの出会いだ。そこで〝一つあげましょうか〞〝ええいただくわ〞とばかり電子を仲間っこではなくやりとりを行う。すると，図Ⅲ—5のように，ナトリウム原子は，ひとまわり小さい2番目の殻が満員で安定になり，塩素は3番目の殻が満員で安定になる。ところが，ナトリウムの方はマイナスの電荷を1個失ったので，全体としてプラスの電荷を一つ持つ。つまり

$$Na - e^- \longrightarrow Na^+$$

ということ。このe^-は電子のこと。そして原子が電荷を持つと，イオンと名が変わる。それでNa^+はナトリウムイオンという。

一方，塩素原子の方は，電子をもらったのだから

$$Cl + e^- \longrightarrow Cl^-$$

とマイナスの塩化価物イオンになる」
「でっぱりやへっこんだところはなくなる代わりに，電気を帯びるってわけね」
「そうなのだ。昔，平重盛は父親の清盛が後白河法皇を閉じこめようとした時，〝忠ならんと欲すれば孝ならず。孝ならんと欲すれば忠ならず〞と悩んだという。原子も，不活性気体の原子以外は〝中性ならんと欲すれば球ならず，球ならん

**Ⅲ—6．塩化ナトリウム
　　（食塩）の結晶**

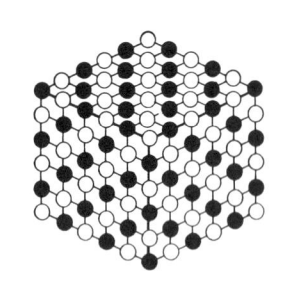

と欲すれば中性ならず″というジレンマにあるということだ。

　そして，ナトリウム原子はナトリウムイオンとなり，塩素原子は塩素イオンとなって，プラスとマイナスの電気の引力で，そばを離れずにいる。こういう結びつき方を，**イオン結合**っていうのだ」

「プラスとマイナスの電気が引き合って結びつく方が，電子殻が電子を共有して結びつくっていうより，わかりやすい感じね」

「うーん，だがな，共有結合の方が，結びつきとしては強いといえるのだぞ。単独の原子がイオンになった場合，電気を持った球と考えられるだろう。だから，結びつく方向はないのだ。一つの＋イオンのまわりには，上下前後左右と6個の－イオンを引きつけることができる。その－イオンもまた6個の＋イオンをまわりに引きつけることができる。というわけで，塩化ナトリウムの結晶の中では第Ⅲ—6図のように，たくさんのナトリウムイオンと塩素イオンが，一つおきにならんでいることになる。

　そうだな，マリ子のクラスの中で，比較的気の合うボーイフレンドが5～6人はいるかもしれんが，クラスの中のボー

Ⅲ　原子の国のイザナギ，イザナミ

殻は満員で，3番目の殻が7個で，あと1個電子があれば満員，つまり，不足が1個の原子だ。これらを別にならべて書いてみよう。（第Ⅲ―5図）

さあ，ナトリウム原子は，余分が一つある原子，塩素は不足が一つある原子，まさにイザナギとイザナミの出会いだ。そこで〝一つあげましょうか〟〝ええいただくわ〟とばかり電子を仲間っこではなくやりとりを行う。すると，図Ⅲ―5のように，ナトリウム原子は，ひとまわり小さい2番目の殻が満員で安定になり，塩素は3番目の殻が満員で安定になる。ところが，ナトリウムの方はマイナスの電荷を1個失ったので，全体としてプラスの電荷を一つ持つ。つまり

　　$Na - e^- \longrightarrow Na^+$

ということ。この e^- は電子のこと。そして原子が電荷を持つと，イオンと名が変わる。それで Na^+ はナトリウムイオンという。

一方，塩素原子の方は，電子をもらったのだから

　　$Cl + e^- \longrightarrow Cl^-$

とマイナスの塩化物イオンになる」

「でっぱりやへっこんだところはなくなる代わりに，電気を帯びるってわけね」

「そうなのだ。昔，平重盛は父親の清盛が後白河法皇を閉じこめようとした時，〝忠ならんと欲すれば孝ならず。孝ならんと欲すれば忠ならず〟と悩んだという。原子も，不活性気体の原子以外は〝中性ならんと欲すれば球ならず，球ならん

Ⅲ―6．塩化ナトリウム
　　　（食塩）の結晶

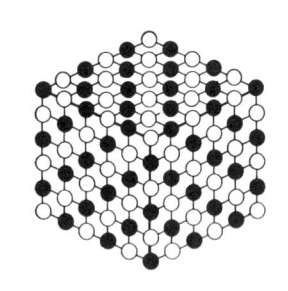

と欲すれば中性ならず″というジレンマにあるということだ。

　そして，ナトリウム原子はナトリウムイオンとなり，塩素原子は塩素イオンとなって，プラスとマイナスの電気の引力で，そばを離れずにいる。こういう結びつき方を，**イオン結合**っていうのだ」

「プラスとマイナスの電気が引き合って結びつく方が，電子殻が電子を共有して結びつくっていうより，わかりやすい感じね」

「うーん，だがな，共有結合の方が，結びつきとしては強いといえるのだぞ。単独の原子がイオンになった場合，電気を持った球と考えられるだろう。だから，結びつく方向はないのだ。一つの＋イオンのまわりには，上下前後左右と6個の－イオンを引きつけることができる。その－イオンもまた6個の＋イオンをまわりに引きつけることができる。というわけで，塩化ナトリウムの結晶の中では第Ⅲ―6図のように，たくさんのナトリウムイオンと塩素イオンが，一つおきにならんでいることになる。

　そうだな，マリ子のクラスの中で，比較的気の合うボーイフレンドが5～6人はいるかもしれんが，クラスの中のボー

「ええ，知ってるわ，青色リトマス試験紙を赤くするものでしょう」

「そう。その反対はなんだ，赤色リトマス試験紙を青くするもの？」

「**アルカリ**でしょう，小学校で習ったわ」

「では，酸とアルカリを混ぜると？」

「**中和**でしょ，両方の性質が打ち消し合って消えてしまう」

「そうだな。そして中和によってできるものを**塩**（えん）という。実はな，酸を中和して塩を作るものの中で，水に溶けるものをアルカリといって，水に溶けないものをふくめて**塩基**という。塩のもとになるもの，という意味の言葉だろうな」

「水に溶けなくて酸を中和するものがあるの？」

「あるにもなんにも，その方が多い。ところでだ，非金属とは逆に，金属の酸化物は水と反応すると，塩基になるのだ。例えば

　　酸化カルシウム + 水 ⟶ 水酸化カルシウム

　　$CaO + H_2O \longrightarrow Ca(OH)_2$」

「どうしてそうなるの？」

「うん，酸，塩基のことは，また改めて話すことにするが，電子を離しやすい金属元素の酸化物は，塩基になり，他方，電子をもらいたい非金属元素の方は酸になる，と思っていてくれ。つまりこうなる。

　　金属元素 ⟶ 塩基性酸化物 ⟶ 塩基

　　非金属元素 ⟶ 酸性酸化物 ⟶ 酸」

Ⅲ　原子の国のイザナギ，イザナミ

「それでこの傾向の元素を，**陽性元素**または**金属元素**という」

「陽性元素はわかるけど，どうして金属元素ともいうの？」

「うん，逆を考えればよいのだ。つまり金属元素をとりあげてみるとどれも陽性なのだということ。この陽性元素に対して，周期表の右側の方は，イザナミ型，つまり電子をもらいたい傾向で，もらえば－イオンになる。だから**陰性元素または非金属元素**という」

「では中間は？」

「うん，両性元素という。相手しだいで，陽性となったり陰性となったりする」

「イザナギ型になったり，イザナミ型になったりするってわけ？」

「うん，そうだ。ところで一般的にいってね，元素は酸素と化合すると，**酸化物**といわれる化合物になる。例えば炭素が酸素と化合すると二酸化炭素，鉄が酸素と化合すれば酸化鉄，というように」

「ええ，ええ」

「ところが，その酸化物を水に溶かした場合，金属元素と非金属元素では，正反対のものになる。非金属元素の酸化物の方は，水と反応して，**酸**になる。例えば

　　二酸化炭素＋水 ⟶ 炭酸

　　$CO_2 + H_2O \longrightarrow H_2CO_3$

というようにね。酸とは，なめるとすっぱい性質のものだね」

だけどね，最も外側の電子殻の電子の数は，第3周期と同じように，1〜8まで周期的にふえる，と思ってよい。だから，この表のタテの列，これを**族**，というけどね，同じ族に属する原子の，最外殻の電子数は同じと考えてよい。リチウム，ナトリウム，カリウム，ルビジウム，セシウムというのは第1族で，みんな最外殻電子が1個のイザナギ型原子，だから＋1価のイオンになる仲間なのだ。同様に，第2族の原子の最外殻電子はみんな2個，それで＋2価のイオンになる。以下第3族，第4族，と同じように考えたらよい」

「どうして第4周期からは，突然，原子がたくさんになるのよ？」

「それが複雑な電子殻のなせるわざ，ということ。その複雑な構造については，お前が化学の第一歩をマスターしてから触れることにしよう。今は，この周期律表の同じ族の元素は，同じ数の最外殻電子を持つ，ということでがまんしてくれ」

「うーん，なんとなくごまかされているみたいだけど，しょうがない。もっと勉強してからくわしく教えてもらうわ」

「さあ，それでは，と，この表で，不活性気体を除いて考えると，左の方ほどイザナギ型，即ち最外殻に余分な電子，つまり手放しやすい電子があって，もらい手さえあれば電子を手放したい方の原子である。いわば＋イオンになりやすいということがわかるだろう」

「うん，うん」

Ⅲ　原子の国のイザナギ，イザナミ

しかはいれないから，ここに所属するのは，HとHeだけ。第2周期は，第2番目の電子殻に電子のある元素で，ここには電子が8個はいれるから，3番目のリチウムから10番目のネオンまであるってことでしょう」
「うん，うん，よいところに気がついた。そういうことなのだ。第3周期にある元素は，3番目の電子殻に電子が，1個から8個まで順にはいっている。つまり周期律の生まれる原因は，原子の最外殻の電子の数が，周期的に1から8までふえてゆくためだったんだな」
「でもよ，教科書の周期律表は第4周期までまん中の部分がないのは，どういうわけ？」
「うーん，実はな，そこがめんどうなので，第Ⅲ─2図を第3周期まででやめておいたのさ」
「ずるーい，ごまかして」
「まあ怒るな，これは意味のあることなのだ。この第Ⅲ─1図の原子構造の模型図はな，ボーアの模型といって，最初に原子構造を考えた学者が考えだしたもので，電子殻は完全な球形とした。この図では円軌道としてかいてある。ところが球形の電子殻は，第1番目の殻だけで，第2番目には，球形の他にだ円形の殻が三つある。一つの殻に電子は2個はいれるので，みんなで8個というわけ。ところが，もっと原子番号の大きい複雑な原子では，電子殻はもっと多く，もっと複雑になる。もうとてもボーアの模型では書き表わせないのだ。それで第3周期まででやめておいたというわけなのだ。

てみるとしようか」

4．原子の戸籍——周期律表

「元素を原子番号順に見ていくと，3番目のリチウムから10番目のネオンまで，だんだん性質のちがう元素がならんで，11番目にはまたリチウムに似た，最外殻に電子が1個あるナトリウムがある。さらに8番つづいて19番目のカリウムになると，またナトリウムに似ている元素になる。というように，周期的に性質の似た元素がある。これを元素の**周期律**という。これが発見されたのは，まだ原子の構造など，まるっきりわからない頃のことで，この周期律から逆に，原子の構造に周期的なものがあるのではないか，と考えていったのだ。この周期律に従って，すべての元素をならべたのを**周期律表**という。教科書のうら表紙あたりに必ずついている」

「ああ，これね」

マリ子さんは，教科書のうら表紙のところを開けました。

「そう，この上から3列目までを第Ⅲ—2図に書いたことになる。この横の列を，**周期**という。第1周期はHとHeだけ，第2周期は，リチウムからネオンまで，第3周期はナトリウムからアルゴンまで，というように」

「あ，そうすると，周期というのは，電子殻の数と同じじゃない？ 第1周期とは，第1番目の電子殻に電子のある元素っていうことでしょう。第1番目の電子殻には，電子が2個

III　原子の国のイザナギ，イザナミ

子が一方から他方へ完全に移っていれば百パーセント，イオン結合，まったく中間にあれば百パーセント共有結合といえるわけだが，実際にはその中間のものがたくさんある。

　実験的には，水に溶かして電流を通してみるとわかる。水をさす，という言葉があるだろう。仲のよい友だちが水をさされて仲たがいする，なんてね。本当に仲のよい友だちなら，水をさす人がいても仲たがいなどしない。水をさされることは，友情の試金石といえるな。化学結合の場合も同様なのだ。水の特性だが，水はイオン結合を弱めてしまう力がある。それで，例えば食塩を水に溶かすと，Na^+ と Cl^- が，水の中を自由に動きまわれるようになる。このような現象を**電離**という。こんな式で表わす。

　　$NaCl \longrightarrow Na^+ + Cl^-$

　この自由に動けるようになった Na^+ や Cl^- が，電気を運ぶ役をするので，電流を通すことになる。共有結合ではそのような現象はおこらない。例えば砂糖の水溶液は電流を通さない。つまり砂糖の中にはイオン結合の部分がないわけだ」
「あ，すると，簡単に見わけられるわね，実験で」
「そうあっさりいうなよ。水に溶けない物だってあるのだぞ」
「あ，そうか」
「水に溶けて電流を通す化合物を**電解質**といい，そうでないのを**非電解質**という」
「すると，電解質の中にはイオン結合があるってことね」
「まあそうだ。ところで，ここで第Ⅲ―2図のつづきを考え

III 原子の国のイザナギ,イザナミ

イ全体が,広い意味でボーイフレンドだ,といってもいいだろう。とくにこいつでなくてはいかん,というほどのつきあいはないだろう。ところが,お母さんの相手はお父さんときまっている。

　イオン結合は,マリ子のクラスの中におけるようなものだが,共有結合は夫婦のように相手がはっきりしている。水の中でH—O—Hと結びついていたら,別の水素原子が近くにいても,その間には結びつきはないということだ。それで,水には,はっきり H_2O という分子があるのだ。だからコップ1ぱいの水があって,その中に n 個の分子があれば,コップ1ぱいの水は

　　nH_2O

で表わされる。それを代表して,水は H_2O だといっている。ところが塩化ナトリウムにはNaClという分子はないのだ。一粒の塩化ナトリウムの結晶があって,その中に n 個の Na^+ と n 個の Cl^- があれば

　　$(NaCl)_n$

と表わすことになる。これを代表して,塩化ナトリウムはNaClというが,これは分子ではなく,割合を示すだけ。だから

　　H_2O は分子式だが

　　NaCl は組成式という」

「あら,わたし,今まで同じように思ってたわ」

「同じように使ってはいるが,正しくはちがうことを忘れな

特定の相手はない＝イオン結合クラス

相手がきまっている＝共有結合クラス

Ⅲ—7．イオン結合と共有結合

いように」

「うーん，これはイオン結合，これは共有結合と，どうして見わけたらいいのかなあ？」

「うん，むつかしい。実際の化合物は，これは完全に共有結合，これは完全にイオン結合と，はっきりしてはいない。電

III　原子の国のイザナギ，イザナミ

「おもしろいわねえ，酸化物が酸になるか塩基になるかは，元になる元素が電子を離しやすいかどうかに関係するのね」
「そうだよ，分子式だ反応式だと，丸暗記することを化学だと思うとおもしろくない。このように，大きな流れみたいなものを考えると，おもしろくなる。

　つぎに，周期律表の中間にある元素を考えてみよう。つまり，電子を離したい傾向ともらいたい傾向が同程度の元素だ。例えばアルミニウムだ。これはふつう金属としてあつかっているね。最外殻電子が3個だから，まあ電子を離しやすい方といえる。だから，酸化物は塩基性酸化物で，水と反応すると塩基になる。

　　アルミニウム＋酸素 ⟶ 酸化アルミニウム
　　酸化アルミニウム＋水 ⟶ 水酸化アルミニウム（塩基）
　塩基だから，酸に溶かすと塩になる。
　　水酸化アルミニウム＋塩酸 ⟶ 塩化アルミニウム（塩）
　　＋水」
「うん，うん」
「ところが，水酸化アルミニウムは，強いアルカリを加えると，アルカリとも中和して塩になる。つまり，上では塩基として働いたが，ここでは酸として働くということだ。
　　水酸化アルミニウム ⟶ アルミン酸
となって
　　アルミン酸＋水酸化ナトリウム ⟶ アルミン酸ナトリウム（塩）＋水

となる。だから，アルミニウムは**両性酸化物**ということになる。このように，周期律表の中間には，両性元素がある」

「両性なんていやねえ，まるでコウモリみたい。鳥が強い時は鳥だといい，ケモノが強い時はケモノだ，というみたい」

「では，こんどは同じ族の中の上の方と下の方を考えてみようか。そうだな，1族の上のリチウムと，下の方のセシウムと，どちらが＋イオンになりやすい，と思う？」

「どちらも最外殻電子は1個ね。それを放したい傾向は同じでしょう？」

「そうだよ，傾向は同じだが，放しやすさはちがう」

「うーん，……あ，そうだ，構造が簡単な方がとれやすいとちがう？」

「残念でした。電子は，マイナスの電気を持っていて，原子核のプラスの電気に引かれてまわりをまわっているのだろう。だから核のまわりに電子がたくさんあれば，マイナスどうしで反ぱつして，離れやすい。リチウムは第1殻に2個と第2番目の殻に1個電子があるだけだが，セシウムは第6番目の殻に1個ある。だから核との間に5層も電子殻があってそこに54個もの電子があるのだ。だから一番外側の1個の電子など，いつでも出てお行きってなもんだ。つまり族の中では，下の方ほど＋イオンになりやすいのだよ」

「いやねえ，小じゅうとが多勢いて，お嫁さんをいびり出すみたい」

III 原子の国のイザナギ,イザナミ

「あはははは,大家族はどこの世界もむずかしいってわけさ。ともかくね,というわけで,この周期律表で,不活性気体の族を除くと,左の方ほど陽性(金属性)がつよく,また表の下の方ほど陽性が強い元素がある,ということになる。つまり左下にもっとも陽性の強い元素,右上にもっとも陰性(非金属性)の強い元素があるということになるだろう」
「するとフランシウムが一番陽性で,フッ素が一番陰性?」
「そう,だけどフランシウムは微量で,この表にもまだ原子量がのっていないほどだ。だからセシウムが一番陽性と思えばよい。

　さあ,だいぶまわり道したけれど,この表の中で陽性,陰性の程度の離れた元素どうしの結合はイオン結合性が強く,近いものどうしほど共有結合性が強い,ということがいえそうだろう」
「ああ,なるほど,この表の位置の間の距離が,結合の種類をきめるってわけね。この表って大切なのね」
「うん,だからどんな教科書にも,必ず周期律表はのっている」
「あ,ちょっと変よ。だって,水素は一番左の列でしょう,そして酸素は右から2番目の列にある。かなり離れているのだから,水はイオン結合のはずではないのかな?」
「うん,いいところに気がついた。たしかにそう思うのも無理はない。

　だけどな,水素はちょっと例外と思ってよい。つまり,電

子は1個きりだし、1番目の殻しかないから2個で満員だろう。すると電子を1個離して裸の陽子になるか、1個もらってヘリウム型になるか、同程度の傾向と思ってよいだろう。だから左の列にあっても、ナトリウム原子やリチウム原子ほどには電子を失いやすくないのだ。だから水素は、むしろ非金属元素だし、酸素とも窒素とも、炭素とも、共有結合をする」

「うーん、そういうことか、残念、お兄さんがつまるかと思ったのになあ。

　それで、原子と原子の結びつきには、イオン結合と共有結合しかないの？」

5．イザナギどうしのがっちりスクラム
―― 原子の結びつき方　その3 ――

「いや、あるぞ。先ほどもいったように、イオン結合は水には弱い。水に溶けて電離する（イオンになる）傾向がある。したがって学校の実験室の試薬などの中にはイオン結合の物質が多いが、われわれの身のまわりにあって、長持ちしているようなものの中にはイオン結合のものは少ない。

　まあ、お前の机のまわりにあるものを見てごらん。そのボールペンの軸はプラスチックで、共有結合が主体の化合物だ。消しゴムのゴムもそう、ノートの紙もそう、下じきのセルロイドもそう。

Ⅲ 原子の国のイザナギ,イザナミ

 ところが,万年筆のペン先,コンパスの足,本立てのスチール,電気スタンドの支え,なんかどうだ。これらはなんという仲間だ」

「えーと,金属ね」

「そうだ。われわれのまわりにある,形のしっかりしたものを作っている材料は,プラスチックや木材あるいは石のような,共有結合を主体とした物質と,もう一種は金属だ。性質もだいぶちがう。金属は弾性があり,ピカピカ光っていて電気をよく通す。

 さあ,この金属の中では,原子はどのように結びついているかだ。

 ここでまた周期律表を見てみよう。金属といわれるのは,どこらにあった? そう,左の下ほど金属性が強いのだったな。といっても,ナトリウムやリチウムが金属だという実感はないかもしれないね。われわれのまわりにある金属は,鉄やアルミニウムや銅や金,銀などだからな。アルミニウムは化学的には両性酸化物だといったが,最外殻電子は3個で,周期律表のまん中に近いところにある。これは例外的で,ふつう金属元素の原子は,最外殻電子2個のものが多く,1個のものもかなりある。

 さあ,そこで,そういう電子を離したい傾向つまりイザナギ型の原子が2個出会ったとして考えてみよう。日常のなじみはうすいが,今,代表としてナトリウム原子を考えてみるとするか。

① Na   Na

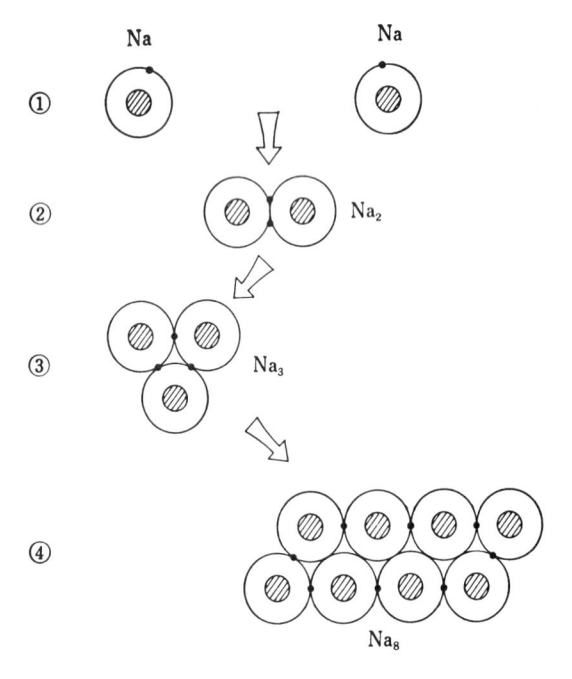

② Na₂

③ Na₃

④ Na₈

Ⅲ―8.自由電子を共有する金属結合

　まず,宇宙空間に1個のナトリウム原子が孤独の旅をつづけていたとする。(第Ⅲ―8図の①)いいかい,もうこの図のナトリウム原子の中の方は細かく書かないで,斜線を引いてしまうよ。するとナトリウムは,中から3番目の殻に電子が1個だから,このように表わすとする。そこへ,もう一つ

III 原子の国のイザナギ,イザナミ

ナトリウム原子が来て,両者はぶつかった。〝おい電子をやろうか〟〝いやいらない,おれの方のをやろう〟〝しようがない,では仲間っこするか〟とばかり②のように結びついた。さしずめNa_2と書き表わすことになる。さあ,この図は,H_2のつながりと同じに見えるね。ところがH_2の場合,電子のある殻は1番目の殻で,2個で満員安定だ。だからH_2で満足してしまう。ところがナトリウムの場合,この2個の電子のいる殻は,3番目のだろう。つまり電子が8個はいらないと満員ではない。だから,Na_2はまだ不満足な状態なのだ。そこへまた一つNaがやって来て三つの原子がつながったとする(③)。さあ,まだ電子が8個にはならないので不満足。では④図のように8個のナトリウム原子がつながれば満足か,というと,そうもいかない。まあ模型的に見ても,もう電子のまわる殻が,一つの原子核のまわりの殻というような限られたものではなく,はじめ属していた原子核とは離れて,8個の原子核全体のまわりに自由に動きまわる形といってよいだろう。だから,共有結合のように,核に束縛されていないので**自由電子**という。さあ,こうなると,もう8個と限定されることはない。9個でも10個でも,同じ事情と考えてよいだろう。したがって金属のかたまりがあると,かたまり全体がn個の自由電子を持って結びついている,と考えられる」

「まあね」

「このように,金属原子は,一つのかたまりの中の原子全体

	物質	結合	代表式	化学式
	ダイヤモンド	共有結合 分子なし	nC を代表して	C
	鉄の文ちん	金属結合 分子なし	Fe_n を代表して	Fe
	集気びん中の酸素	共有結合 分子あり	nO_2 を代表して	O_2
	ドライアイスのかたまり	共有結合 分子あり	nCO_2 を代表して	CO_2
	氷ざとう	共有結合 分子あり	$nC_{12}H_{22}O_{11}$ を代表して	$C_{12}H_{22}O_{11}$
	お皿の上の食塩	イオン結合 分子なし	$(NaCl)_n$ を代表して	$NaCl$
	びんの中の硫酸	イオン結合と共有結合の両方 分子あり	nH_2SO_4 を代表して	H_2SO_4

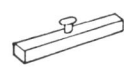

Ⅲ—9. 身のまわりの物質の結合の仕方

Ⅲ　原子の国のイザナギ，イザナミ

が一つのつながりになって，自由電子を共有しているような結びつき方をしている。金属が電気をよく通すのは，この自由電子があるからなんだな。

このような金属原子の結合の仕方を，**金属結合**というのだ」

「そうか。すると金属にも H_2 とか O_2 というような分子式はなくて，Na_n を代表して Na と表わすのね」

「そう。最初にもどって，C_2 がペケになったわけがよけいはっきりしただろう。われわれの身のまわりにある物質の記号や式による表わし方を，まとめてみようか。こんなになるのだろう」（第Ⅲ―9図）

6．何人の相手を結びつけることができるのか

「うーん，それはわかったわ。だけど，まだなんとなくおかしいんだよなあ。……そうよ。今，水が H_2O ということは，Hが，電子1個余分な原子，酸素が，電子2個不足，と

H・							He:
Li・	Be:	B:	・C・	・N:	・O:	・F:	:Ne:
Na・	Mg:	Al:	・Si:	・P:	・S:	・Cl:	:Ar:

Ⅲ―10．電子式

名　前	分子式組成式	電　子　式	構　造　式
水　素	H_2	H:H	H—H
酸　素	O_2	:Ö::Ö:	O=O
塩　素	Cl_2	:C̈l:C̈l:	Cl—Cl
水	H_2O	H:Ö: 　　H	H—O 　　　H
二酸化炭素	CO_2	:Ö::C::Ö:	O=C=O
アンモニア	NH_3	H:N̈:H 　　H	H | N—H | H
塩化アンモニウム	NH_4Cl	[H:N̈:H / H H]⁺ [:C̈l:]⁻	
塩化ナトリウム	$NaCl$	[Na]⁺ [:C̈l:]⁻	

Ⅲ—11. いろいろな化合物の電子式

III 原子の国のイザナギ，イザナミ

いうことで，Hが2個とOが1個で過不足なく安定な分子ができる，ということでわかったけど，いつも原子の構造を考えて結びつきを考えなくてはならないわけ？　それも2種類の原子ならいいけど，3種類も4種類もの原子が結びついている場合，どう考えたらいいのかなあ？」

「よし，では簡単に考えることを話そう。まずIII—2図の原子構造図を簡略化する。化学反応に関係するのは，一番外側の電子だけだから，この電子を**価電子**といって，これだけを原子式のまわりに書いてみる。まあ，こんなぐあいだ。（第III—10図）

　さあ，こうした記号を使うと，化合物も，このポツポツ式で表わせるだろう。H_2はH：Hというように。

　いくつかの例を書いてみるとこんなになる」（第III—11図）

「あ，そうすると，酸素は4個の電子を共有するということね」

「そう，2対つまり2個ずつ出し合って共有結合をすることさ」

「うーん。なんとなくおかしいなあ，どうして対というのよ，1個の電子や3個の電子を共有してもよさそうじゃない？」

「うーん，なるほど。ふれずに通るつもりだったが，そう質問されては，ふれずばなるまい。実はな，電子にも2種類あると思ってくれ，廻転方向が反対の。右まわりと左まわり，というと，あまりにも模型的すぎるが，まあそう思ってく

れ。電気を持った電子がまわるのだから，小さいコイルといえるね。すると磁石みたいに，同じむきにまわっているのは反ぱつし，ちがうむきにまわっているのは引き合うことがわかるだろう」

「ええ」

「つまり同性の電子は反ぱつし，異性の電子は相ひく，と思えばよい。その異性のカップル，つまり対を共有すると，安定な共有結合になる，と思ってくれ」

「へえー，こんな小さい世界も，異性相ひく原理が通用するのね」

「そう，一つの殻の上に1カップルが住んでマイホームを作ると，安定している，と思えばよいが，あまりにも人間的たとえにすぎるがね」

「それはそれでいいとして，この表の下の二つは？」

「これはイオン結合だろう。塩化ナトリウムの場合，Naから電子が1個塩素の方へ移って，NaはNa^+に，ClはCl^-になっている。それからその上の塩化アンモニウムの場合は，NH_4というグループとして電子を1個失ってNH_4^+（アンモニウムイオン）となり，その電子1個をClがもらってCl^-となり，その間がイオン結合になっている。つまり，NH_4の中は共有結合，NH_4^+とCl^-の間はイオン結合，という両方の結合が混じっていることだ。

このように，グループでイオンになっているものはたくさんある。化学反応の時グループとして移動することは多いの

で、このようなグループを、**基**とか**根**とかいう。NH_4はアンモニウム基、SO_4は硫酸基、NO_3は硝酸基というように。それぞれNH_4^+（アンモニウムイオン）SO_4^{2-}（硫酸イオン）NO_3^-（硝酸イオン）として他のイオンとイオン結合をする」

「そういえば、硫酸なになに、なんて化合物、たくさんあるわね。だけど、こんなポツポツ、よけいわからなくなりそうよ」

「まああわてるな。この図（Ⅲ—11）の右の欄を見てくれ。1対の電子を—で表わしたもので、こういうつながりを表わした式を、**構造式**といい、—を**価標**という」

「うーん、と、酸素の場合は、2対の電子の共有だから、2本線となるわけね」

「そう、アセチレンなんてのはH—C≡C—Hというように3重になる」

「どうして、下の二つは構造式が書いてないの？」

「1対の電子を—で表わすとすると、イオン結合の場合は表わせないだろう。それよりも、イオン結合の場合は、失った電子の数を＋の記号をつけた数で、得た電子の数を－の記号をつけた数で表わす方がはっきりする。Al^{3+} とか、SO_4^{2-} というようにね。そうすると、硫酸アルミニウムは、アルミニウムイオンが2個で＋が6、硫酸イオンが3個で－が6で、電荷がつり合うから、組成式は$Al_2(SO_4)_3$となる」

「うーん、そうね」

「さあ、ここで、まとめて少し楽になることを考えよう。共

	H							He
	Li	Be	B	C	N	O	F	Ne
	Na	Mg	Al	Si	P	S	Cl	Ar
価電子数	1	2	3	4	5	6	7	8
共有電子価 （最高）	1	2	3	4	5	6	7	0
イオン原子価	+1	+2	+3		−3	−2	−1	0

Ⅲ—12. 原子価

有結合にせよ，イオン結合にせよ，価電子1個が結合能力1となることがわかるだろう。いや，イオン結合の場合は，電子の不足分が結合能力の単位ともなるがね。

それで，この結合能力を，その原子または基の**原子価**という」

「うふふ，イザナギ原子の余分なところの数と，イザナミ原子の足りないところの数ってわけね」

「こら，お前だっていやらしいぞ。とにかく，前の第Ⅲ—2表に関連してこんな原子価の可能性を考えてみよう。（第Ⅲ—12図）つまり，共有原子価は価電子数，イオン原子価はプラスの方は価電子数，マイナスの方は（8−価電子数）ということになる」

III 原子の国のイザナギ,イザナミ

で,このようなグループを,**基**とか**根**とかいう。NH_4はアンモニウム基,SO_4は硫酸基,NO_3は硝酸基というように。それぞれNH_4^+(アンモニウムイオン)SO_4^{2-}(硫酸イオン)NO_3^-(硝酸イオン)として他のイオンとイオン結合をする」

「そういえば,硫酸なになに,なんて化合物,たくさんあるわね。だけど,こんなポツポツ,よけいわからなくなりそうよ」

「まああわてるな。この図(III―11)の右の欄を見てくれ。1対の電子を―で表わしたもので,こういうつながりを表わした式を,**構造式**といい,―を**価標**という」

「うーん,と,酸素の場合は,2対の電子の共有だから,2本線となるわけね」

「そう,アセチレンなんてのはH―C≡C―Hというように3重になる」

「どうして,下の二つは構造式が書いてないの?」

「1対の電子を―で表わすとすると,イオン結合の場合は表わせないだろう。それよりも,イオン結合の場合は,失った電子の数を+の記号をつけた数で,得た電子の数を-の記号をつけた数で表わす方がはっきりする。Al^{3+}とか,SO_4^{2-}というようにね。そうすると,硫酸アルミニウムは,アルミニウムイオンが2個で+が6,硫酸イオンが3個で-が6で,電荷がつり合うから,組成式は$Al_2(SO_4)_3$となる」

「うーん,そうね」

「さあ,ここで,まとめて少し楽になることを考えよう。共

	H							He
	Li	Be	B	C	N	O	F	Ne
	Na	Mg	Al	Si	P	S	Cl	Ar
価電子数	1	2	3	4	5	6	7	8
共有電子価（最高）	1	2	3	4	5	6	7	0
イオン原子価	+1	+2	+3		-3	-2	-1	0

Ⅲ—12. 原子価

有結合にせよ、イオン結合にせよ、価電子1個が結合能力1となることがわかるだろう。いや、イオン結合の場合は、電子の不足分が結合能力の単位ともなるがね。

　それで、この結合能力を、その原子または基の**原子価**という」

「うふふ、イザナギ原子の余分なところの数と、イザナミ原子の足りないところの数ってわけね」

「こら、お前だっていやらしいぞ。とにかく、前の第Ⅲ—2表に関連してこんな原子価の可能性を考えてみよう。（第Ⅲ—12図）つまり、共有原子価は価電子数、イオン原子価はプラスの方は価電子数、マイナスの方は（8－価電子数）ということになる」

III 原子の国のイザナギ,イザナミ

「あら,この共有原子価(最高)とあるのはなによ」
「うん,つまり,電子対を作るために差し出す電子は,1対について1個だろう。だから価電子の数だけ対をつくる可能性がある。そこで,最高の共有原子価は,価電子数ということになる」
「じゃ,塩素は最高7価なんて場合があるの?」
「うん,ある。もっとも,最低から最高まですべて同じように現われるのではなく,現われやすいものがある。塩素の場合,1,3,5,7(価)と現われる。酸素の製法で,塩素酸カリウムという物質を熱しただろう。あの仲間を見ると

(化合物名)	(化学式)	(その中の塩素の原子価)
過塩素酸カリウム	$KClO_4$	7価
塩素酸カリウム	$KClO_3$	5価
亜塩素酸カリウム	$KClO_2$	3価
次亜塩素酸カリウム	$KClO$	1価

こんなように,塩素は1,3,5,7価になっている」
「わあ! こんなにいろいろおぼえるの?」
「また"おぼえる"が始まった。こんなの,お前たちの習う化学には出て来やしないよ,今説明のためあげただけだよ。
 お前たちがおぼえるのは,よく出て来る化合物の中の原子または基の原子価でよい。それを知っていれば,相手の原子

1. イオン原子価			
水素イオン	H^+	塩化物イオン	Cl^-
ナトリウムイオン	Na^+	水酸化物イオン	OH^-
カリウムイオン	K^+	硝酸イオン	NO_3^-
アンモニウムイオン	NH_4^+	硫酸イオン	SO_4^{2-}
カルシウムイオン	Ca^{2+}	炭酸イオン	CO_3^{2-}
マグネシウムイオン	Mg^{2+}	リン酸イオン	PO_4^{3-}
アルミニウムイオン	Al^{3+}		

2. 共有原子価	
水 素	1
塩 素	1
酸 素	2
窒 素	3
炭 素	4

Ⅲ—13. おぼえておくとよい原子価

価もわかる，というもんだ。まあこんなところかな」(第Ⅲ—13表)

「そう，これくらいならおぼえられるわね」

「それから，安定した化合物の中では，プラスの電荷とマイナスの電荷が等しいはずだから，

　　＋イオンの個数×価数＝－イオンの個数×価数

となる。例えば，硫酸アルミニウム（$Al_2(SO_4)_3$）について

Ⅲ 原子の国のイザナギ,イザナミ

みると,アルミニウムイオンは3価,硫酸イオンは2価だから

$$\underset{\text{+イオンの方}}{2\text{個}\times 3\text{価}} = \underset{\text{-イオンの方}}{3\text{個}\times 2\text{価}}$$

となるだろう」

「うん,うん,なるほど」

「ではこれはどうだ,リン酸水素ナトリウム(Na_2HPO_4)」

「や,や! +イオンが2種類あるのね。うーん,合計すればいいのでしょう。

　　+イオンの方

　　2個×1価+1個×1価=1個×3価

　どう,これで」

「よし,よし,それでいい。では

　　硫酸鉄(Ⅱ)　　　　$FeSO_4$

　　硫酸鉄(Ⅲ)　　　　$Fe_2(SO_4)_3$

というのがあるが,この中で鉄は何価だ?」

「え,えーと,硫酸イオンは2価だから,硫酸鉄(Ⅱ)の中ではFe^{2+}でしょう。それから硫酸鉄(Ⅲ)の中では,Fe^{3+}でしょう。

同じ鉄でおかしいわね」

「軽い金属原子ではそんなことはないが,重い金属原子ではこんなことが他にもある。

　　銅(Ⅰ)イオン　　　Cu^+　　銅(Ⅱ)イオン　　　Cu^{2+}

　　水銀(Ⅰ)イオン　　Hg^+　　水銀(Ⅱ)イオン　　Hg^{2+}

　　錫イオン(Ⅱ)　　　Sn^{2+}　　錫イオン(Ⅳ)　　　Sn^{4+}

なんてね」
「ふあー，ややこしい。でもどうして？ 価電子が２個の鉄原子と３個の鉄原子と２種あるっていうの？」
「鉄原子が２種類あるんじゃないけど，重い原子の電子殻の構造は，前にも話したように単純ではないのだ。それで時には２個が価電子として働き，時には３個が反応する，というわけだ」
「いやだなあ，どうしてそんな意地悪するの？ せっかくわかりかけたのに，またわからなくなるわ」
「うん，いっぺんだと混乱するからな，その複雑な電子殻の話は今はやめておく。ただ２種のイオンになる金属があるということだけおぼえておくとしよう」
「わあ，化学って，全部わかるには前途遼遠ねえ」
「全部わかるなんてとんでもない。いくらでも奥のあるのが学問だ。世界一の大化学者だって，まだわからないことをいっぱい抱えているのだぞ」
「うーん，くめどもつきずか。そう思えばファイトもわくなあ」
「ということで，限りはないから，今夜はこれでおしまい」
「はーい」
　研一君は，こんな歌をハミングしながら，帰って行きました。

　　月なきみ空に　　きらめく光
　　ああその星影　　希望のすがた

Ⅲ　原子の国のイザナギ，イザナミ

人知は果てなし　無窮(むきゅう)の遠(おち)に
いざその星影　窮(きわ)めも行かん

（杉谷代水　作詞『星の界(よ)』）

Ⅳ——反応式を手なずける

1. $H_2 + O \longrightarrow H_2O$ も正しい!?

「おい,もう一度先日のテストの答案を出してみろよ」
と研一君は,マリ子さんの部屋にはいって来るなりいいました。
「何するのよ,そんなにひとに恥をかかせなくたっていいでしょう。もう破ってしまったわよ」
「別に恥をかかせようっていうんじゃないよ。たしか化学反応式の問題が出ていて,いくつか間違えていただろう」
「ええ」
「どこが間違ったか考えてみようと思ったのさ」
「いい,もうわかったから。

$H_2 + O \longrightarrow H_2O$

って書いちゃってペケだったの」
「間違ってはいないよ,それで」
「え!? ほんと?」
「じゃ,お前,どこが間違っていると思うのだ?」

IV 反応式を手なずける

「だって、酸素はOではだめでしょう、O_2でなくては」
「どこでは？」
「どこって、ここらへん。そう、地球上ではそうでしょう」
「あはは、だいぶわかってきたな。だけど、ただ、水素と酸素が反応して水ができる化学反応を反応式で書け、というだけなら

$H_2 + O \longrightarrow H_2O$

で間違いだとはいい切れないな。宇宙空間でH_2が1個さまよっているところに、Oが出会って結びついたとなると

$H_2 + O \longrightarrow H_2O$

でよいことになる。また、OHという粒がさまよっていて、Hと出会ったとすると

$OH + H \longrightarrow H_2O$

ということになる。

地球の上空20〜30kmあたりには、オゾン層というのがある。太陽から来る紫外線が、酸素分子にぶつかってその結合をこわす

$O_2 \longrightarrow O + O$

こうしてできた原子状の酸素が、ふつうの分子状の酸素にぶつかると

$O_2 + O \longrightarrow O_3$

というように結びついて、オゾンO_3という分子が一時的にできる。O_3は不安定な化合物なので、まもなく

$O_3 \longrightarrow O_2 + O$

と分解する。それで、オゾン層の中では、O_2, O, O_3が、あるバランスを保ってあるわけだ。

このオゾン層まで昇って行った水素の風船がこわれて、水素がもれたとすると

$$H_2 + O \longrightarrow H_2O$$

という反応がおこらんでもない。

でも、ふつう、われわれのあつかう水素や酸素は分子状のものだから、まあ、だまっていれば

$$H_2 + O \longrightarrow H_2O$$

はだめ、ということになるわけだな」

「いやねえ、まわりまわって」

「無意味だというのか？ そうじゃない。お前が、丸暗記に $H_2 + O \longrightarrow H_2O$ はだめだ、とおぼえてはいけないから、このように考えさせてやったのではないか。

では聞くがね。分子状の水素と酸素の反応なら、なぜ

$$H_2 + O_2 \longrightarrow H_2O$$

ではいけないのだね」

「だって、……これでは、Oの数が右辺で足りないじゃない」

「そうかな？ 集気びんにある水素は分子数がはっきりわからないから nH_2 で、それを代表して H_2 と表わしたのだろう。同様に酸素も $n'O_2$ を代表して O_2 と表わしたのだろう。それからできた水も $n''H_2O$ というのを代表して H_2O と書くのだろう。だったら

Ⅳ　反応式を手なずける

水素＋酸素 ⟶ 水
$H_2 + O_2 \longrightarrow H_2O$
でいいはずではないか」

「？……だけど，なんか変だわ」

「うん。たしかになんだか変だ。では，そのところをもう少しくわしく考えてみよう。

今ね，水素と酸素を混ぜて点火したとする。すると水素分子と酸素分子が勢いよくぶつかり始める。まず，1個のH_2と1個のO_2がぶつかって，O_2分子が切れ，一つのOがH_2と結びついたとする。（第Ⅳ－1図の①②③）反応を式で表わせば

① H_2　　O_2　走って来ました

② あ，衝突！

③ はねかえったが!?

④ もう1個の水素分子が来た

⑤ あ，水になった

Ⅳ－1．走ってきまして……水になりました

$H_2 + O_2 \longrightarrow H_2O + O$ ……………(1)

そして，はねかえったOが，もう一つ別のH_2とぶつかって結びついてH_2Oになったとする。（第Ⅳ－1図④⑤）これを反応式で書くと

$O + H_2 \longrightarrow H_2O$ ……………(2)

これで一応ケリがついた。

そこで反応式(1)と(2)をまとめると

$$H_2 + O_2 \longrightarrow H_2O + O$$
$$+)\ \underline{O + H_2 \longrightarrow H_2O\qquad}$$
$$2H_2 + O_2 \longrightarrow 2H_2O$$

ということになる。このような反応が水素と酸素が燃えている時には，無数におこる。つまり反応している部分を見ると

$$n(2H_2 + O_2 \longrightarrow 2H_2O)$$

ということだ。これを代表して

$$2H_2 + O_2 \longrightarrow 2H_2O$$

と書く」

「あ，だから，それが水素と酸素の化合する時の正しい反応式というわけね」

「そう。だけどいいかい，まとめはそうだが，すじ道はもっといろいろあるかもしれんのだぞ。

　例えば，はじめの衝突で

$$H_2 + O_2 \longrightarrow 2OH \cdots\cdots\cdots\cdots\cdots\cdots\cdots(1)$$

となって，その OH が H_2 とぶつかって

$$OH + H_2 \longrightarrow H_2O + H \cdots\cdots\cdots\cdots\cdots\cdots(2)$$

　もう一つの OH がここでできた H とぶつかって

$$OH + H \longrightarrow H_2O \cdots\cdots\cdots\cdots\cdots\cdots\cdots(3)$$

　この(1)(2)(3)をまとめても

$$2H_2 + O_2 \longrightarrow 2H_2O$$

になる。またはじめの衝突で

$$H_2 + O_2 \longrightarrow H + H + O + O$$

とばらばらにわかれて，O は別の H_2 と

IV 反応式を手なずける

$$H_2 + O \longrightarrow H_2O$$

HはO_2とぶつかって

$$H + O_2 \longrightarrow OH + O$$
$$H + OH \longrightarrow H_2O$$
$$O + H_2 \longrightarrow H_2O$$

というように反応がおこっても、まとめれば

$$2H_2 + O_2 \longrightarrow 2H_2O$$

になる」

「あら、ではどれがいったい本当なの」

「もし、ドカンと、水素と酸素の混合気体が爆発した瞬間をくわしく調べたら、その中では、O, H, OH, H_2O_2, H_3O, など、いろいろな中間のものがあるのだろうな。しかしそれらはすぐ分解したり他のものと反応して消えるので、まとめとしては、やはり

$$n(2H_2 + O_2 \longrightarrow 2H_2O)$$

ということになる」

「ふーん……と。でもねえ、でもねえ、もし、水素と酸素の分子数の比が2：1でなかったらどうなるの？」

「そりゃ、余分にある方が残るさ。そして反応した部分について表わせば、上の式のようになる」

「あ、そうか。えーと、なんかだめな時ないかなあ。……ああそうだ。もしもよ、水素分子と酸素分子が2：1より、水素分子が一つだけ足りなかったとするわ、すると

$$H_2 + O_2 \longrightarrow H_2O + O$$

でできたOが
$$H_2 + O \longrightarrow H_2O$$
となる相手のH_2がないわけよ。そしたら、このOはどうなるの？」

「あはは、つまり宇宙空間で、H_2とO_2が一つずつぶつかったことを考えればいいじゃないか。はじき出されたOは、そのまま次の原子に出会うまで、さすらいの旅をつづける」

「いや、宇宙ではなく、地球上でH_2が一つだけ足りなかったら」

「同じくOは、なにかと出会って化合するまではOでいる。しかし地球上では、まわりにいろいろなものがいっぱいあるから、宇宙空間のようにさすらいの旅をつづけることにはならず、じきになにかにぶつかって化合してしまうだろう」

「でも、そうすると
$$n(2H_2 + O_2 \longrightarrow 2H_2O) + O$$
となって、代表して
$$2H_2 + O_2 \longrightarrow 2H_2O$$
とはいえないでしょう？」

「なるほど、理屈としてはそうだ。でもね、地球上でわれわれ人間があつかう水素や酸素は、目に見えないほどの少量でも、その中には何億という分子がある。だから1個のOなど無視してよい。だいいち、たった1個のOなど、特別な場合以外、あることを見つけ出すこともできないのだ」

「あれ？　おかしいわ。お兄さんのいうこと、むじゅんして

IV　反応式を手なずける

るわ。だって，赤色巨星や，宇宙空間に C_2 だの OH だのある，といったでしょう。地球上でさえ，たった 1 個の O など見つけ出すこともできない，っていうなら，どうして，何万光年もかなたの C_2 だの OH が見つけ出せるのよ」

2. 宇宙空間の原子や分子はどうして見つけるか？

「うーん，これはまいった，というべきかもしれないが，まいらない。たしかに，宇宙の中には OH などがある，といった。しかし，たった一つきりあるとはいわないぞ」
「あら，だって，孤独なさすらいの旅，なんていったじゃない」
「ああいった。だが，孤独なさすらいの旅をしているのはあるが，たった一つきりとはいわないぞ」
「?……どういうことよ」
「時間と空間の問題さ。孤独なさすらいの旅といっても，永遠にではない。どれだけ長く，どれだけ遠くさすらいつづけるか，という程度の問題だ。

最初の頃の話のように，東京都の広さの中に，4〜5 人暮らすだけというなら，孤独な暮らしといえるだろう。といってその 4〜5 人が一生出会わないというわけではない。

宇宙空間に OH がある，というのも同じで，次の H に出会って H_2O になるまで，かなりの長い時間がかかるので，OH

が存在する、といえるのだ。

　マリ子という人間がこの世にいるのも、宇宙スケールで見るとほんの短かいせいぜい70〜80年だろう。それでも、いる、といえるようなものさ」
「いやねえ、そんなたとえ」
「それからね、何万光年の彼方の空間にあるたった1個のOHなど、とても見つけ出せはしない。ある、とわかるのは、何億、何兆とあって、はじめてわかるのだ」
「あれえ、おかしい。そんなにたくさんあったら、すぐ次のに出会って結びつくでしょうに」
「あはは、そこが空間の問題さ。ほら、この窓のガラスは、無色透明というだろう。たしかに1枚のガラスは無色といえる。ところが、ガラスの切り口を横から見るとどうだ。少し青みがかっているだろう。ガラスを何十枚と重ねてもいい。そうなると、もう決して無色とはいえなくなる。

　宇宙空間の中にOHなどの原子や分子があるというのは、その原子や分子の出す、固有の電波を観測することによって知ることができるのだ。しかし1個の原子や分子の出す電波は大変に微弱でとても観測できはしない。ガラスを何枚も重ねるように、何億、何兆という原子や分子が重なって、はじめて観測できる強さの電波になるわけだ。

　つまり、宇宙空間は、一つの粒にとっては孤独なさすらいの旅をしなくてはならないほどまばらであるが、地球から観測すると、その粒が何億、何兆と重なって見えるほど、空間

は広い，ということだ」

「なんかよくわからないわ」

「いいか，地球表面の空気1cm³の中には10^{19}個（10000000000000000000）もの分子がある。ところが，宇宙空間には，1cm³の中に，原子などが数個しかない。かりに原子が1個しかないとしても，10^{19}cm³の空間を通して見れば，10^{19}個見えることだろう」

「うーん，そうね」

「10^{19}cmといえば10^{14}kmだ。10^{14}kmなんて，ぼう大な長さだと思うだろうが，宇宙の距離ではほんの短い距離だ。地球に一番近い恒星は，4光年の距離にあるというだろう。そして

$$1\text{光年} = 9 \times 10^{12}\text{km}$$

だから，10^{14}kmはわずかに数十光年だ。だからわれわれが見る星の大部分は，10^{14}kmの何倍，何十倍もの空間を通って来た光によって見えているのだ。

かりに，今1万光年の彼方に直径数十光年のガス雲があって，その中にOH分子が確認されたとしよう。すると10^{19}個，つまり地球上の空気1cm³の中の分子数くらいのOHを重ねて見た，ということになる。10km先に10cm³ほどの空気のかたまりがあって，その中の分子を確認できる，という程度のことだ。

しかし，そのガス雲の中の1個のOHにしてみると，となりのOHに出会うまでには，長い長い，孤独のさすらいをつ

づけねばならんほど，ガス雲はまばら，ということなのだ」
「ふーん，そんなことなの。どうにかわかったわ」
「宇宙はかくも広く，そして原子はかくも小さい，ということになるのかな。そのかくも広い宇宙の中でかくも小さい原子を考え，その原子の小ささで宇宙の広さを考える。人間って大したやつじゃないか」
「うーん，私もその大した人間の一員ってわけね。少し気持ちが大きくなるわね。

　それはともかくとして，地球上では $1\,\mathrm{cm}^3$ の中に 10^{19} 個もある原子や分子の中で反応がおこるわけで，その反応の基本になることを書けば，化学反応式というわけね」
「そういうこと。そういうこと」

3．実際に反応式の係数をきめるには

「それはわかったけど，実際に反応式を書く時，係数を求めるの，迷ってしまうな。正直いうと，窒素と水素からアンモニアのできる反応を
　　　$N + 3H \longrightarrow NH_3$
としてしまってペケだったの」
「くり返していうけど，宇宙空間ならそれでいいといえる。木星の大気などの中のアンモニアは，大半，そんな反応によってできたかもしれない。しかし地球上ではいかん。それは，地球上では窒素は N_2，水素は H_2 の分子状態であるのだ

IV 反応式を手なずける

からな。

 それでは実際に化学反応式を作ることを考えてみよう。とにかくまず,反応前の物質と反応後の物質を,ふつうにある安定な形で書きならべてみる。今の話だと,反応前にあるのは水素と窒素だから,H_2とN_2だろう。そしてできたアンモニアはNH_3だから

 $N_2 + H_2 \longrightarrow NH_3$

となる。さて,窒素はN_2が最小単位ということだが,原子としては2原子だ。そしてできるアンモニアはNH_3が最小単位で,この中の窒素原子は1個だ。ということは,窒素の最小単位N_2から,アンモニアは2単位つまり$2NH_3$できるということだろう。そこで

 $N_2 + H_2 \longrightarrow 2NH_3$

としてみる。さあ,こうなると,$2NH_3$の中にはH原子は6個あることになる。だから反応前にも6個ないとおかしい。水素の最小単位はH_2だから6個の原子をまかなうには,$3H_2$必要ということになる。となると

 $N_2 + 3H_2 \longrightarrow 2NH_3$

ということで,これでめでたしめでたし,となるだろう」
「そうか。反応する物質や,できる物質の地球上にある最小単位の化学式を作って,その上で,原子の数が合うようにすればいいの」
「そういうこと」
「もし原子の数が合わなかったら?」

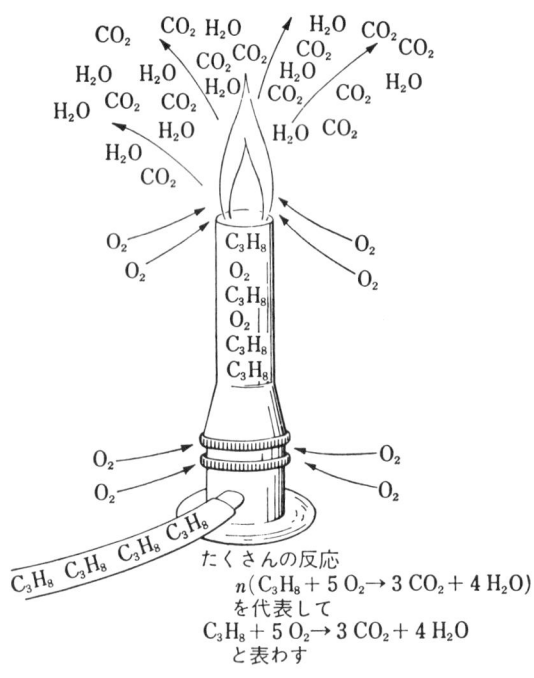

たくさんの反応
$n(C_3H_8 + 5 O_2 \rightarrow 3 CO_2 + 4 H_2O)$
を代表して
$C_3H_8 + 5 O_2 \rightarrow 3 CO_2 + 4 H_2O$
と表わす

Ⅳ—2. プロパンガスが燃えるとき

「そしたら反応は中途半端で終わって,残りの原子があるということだ。反応が完了して,一応安定なものに落ち着いたら,反応前の原子数と反応後の原子数は同じはずだ。前にいったように,化学反応というのは,原子の組み替えの反応であって,原子がこわれたり,新しくできたりする反応ではな

IV 反応式を手なずける

いのだから」

「そういえばそのわけね」

「では,練習に,ガスレンジの中でプロパンガスが燃えているところを化学反応式で書いてみるか。プロパンというのはC_3H_8だ。燃えるのはもちろん,酸素との化合だ」

「よーし。完全に燃えればCO_2とH_2Oになるはずね。まず

$$C_3H_8 + O_2 \longrightarrow CO_2 + H_2O$$

とおく。プロパン1分子の中にC原子は3個あるから,CO_2は最少3個出るはずね。

$$C_3H_8 + O_2 \longrightarrow 3CO_2 + H_2O$$

次にプロパン1分子の中に,H原子は8個あるのだから,これから出る水分子は4個のはずでしょう。

$$C_3H_8 + O_2 \longrightarrow 3CO_2 + 4H_2O$$

すると,のこる酸素は,$3CO_2$の中に6原子,$4H_2O$の中に4原子,計10原子必要ってことでしょう。だから分子なら5分子,$5O_2$でいいはずね。すると

$$C_3H_8 + 5O_2 \longrightarrow 3CO_2 + 4H_2O$$

これでいいでしょう」

「うん,うまい,うまい。ではもう一つ,アセチレンガスC_2H_2が完全に燃えて二酸化炭素と水になる時の反応式を考えてごらん」

「いいわ,えーと,まず

$$C_2H_2 + O_2 \longrightarrow CO_2 + H_2O$$

として,C_2H_2 1分子の中にはC原子は2個あるから,$2CO_2$

が出るでしょう。

$$C_2H_2 + O_2 \longrightarrow 2CO_2 + H_2O$$

水素原子は，C_2H_2の中に2個，H_2Oの中に2個だからこのままでよいはずね。すると，酸素は，$2CO_2$の中に4個，H_2Oの中に1個，計5個。あ，困った。O_2の中には2原子あるから，2分子半あればいいことだけど，2.5なんて係数いいのかしら？

$$C_2H_2 + 2.5O_2 \longrightarrow 2CO_2 + H_2O$$」

「うん，そんな時は，全体を2倍すればいい」

「あ，なるほど

$$2C_2H_2 + 5O_2 \longrightarrow 4CO_2 + 2H_2O$$」

「そう，それが完全燃焼の時の最小単位の反応式ということになる。実際にはそれが何億，何兆とおこっている」

「不完全燃焼の時は，ガスレンジから一酸化炭素やススが出るっていうけど，その場合はどうなるの？」

「不完全燃焼は中途半端だから，いろいろの場合があるわけだ。例えば，一酸化炭素（CO）も出る。

$$C_3H_8 + 4O_2 \longrightarrow CO_2 + 2CO + 4H_2O$$

また，ススである炭素（C）も出る。

$$C_3H_8 + 2O_2 \longrightarrow 3C + 4H_2O$$」

「どれか一つにきめられないの？」

「それは測定すればわかる。燃えたプロパンの量，消費された酸素の量，それから，発生したCO_2やCOやCの量，そして水の量を測定すれば，どんな反応がどのくらいおこったか

Ⅳ　反応式を手なずける

推定できる」

「どうして計算できるの？」

「それは，もう少し先にいってからだ。その前にな，もう少し化学反応について考えておく必要がある。

　この前，単独の原子は，中性ならんと欲すれば球ならず，球ならんと欲すれば中性ならず，というジレンマにある，といったな。それで，中性かつ円満な形をめざして結びつくのだ，と。ヘリウムやネオンは，単独で，中性にして球なのだから化合しない，と」

「ええ」

「それで H は H_2 になって安定し，O は O_2 になって安定して，分子としてこの地球上にも存在できる。これはよいな」

「ええ」

「しからば，なぜその安定な H_2 が，安定な O_2 と反応して水になるのかね」

「あ，なるほど」

「さあ，そのわけを順々に考えていこう」

Ⅴ──箱入り娘を嫁がせる法

1. たとえ出会っても,
　　熱がなければ反応しない

　お母さんが疲れた顔でもどって来ました。
「あの子って,どうしてあんなにシラけているのかしら,失恋して,忘れられない人でもいるのかしら」
　お母さんは,親戚の青年をお見合いにつれて行ったのです。
「だから,よせっていったじゃないか。その気になるまでは,まわりでいくら騒いでもだめだって」
とお父さん。
「そうよね,いくらお見合いさせたって,二人に燃えあがるものがなくっちゃあね」
とマリ子さん。
「お前みたいに,ドラマや映画のようなことばかりいってはいられないのよ。あの子,もう30なんだからね」
　お母さんににらまれて,マリ子さんは,すごすごと部屋に

V 箱入り娘を嫁がせる法

退散しました。すぐ後を追うようにはいって来た研一君。
「おい，その〝お見合いさせたって，燃えあがるものがなくっちゃあね〟というやつをいただいて，勉強始めようじゃないか」
「勉強⁉」
「そう，この前のつづきの化学の勉強さ。この前，原子と原子の結びつきについて話したろう。結びつき方はわかっただろうが，どうしたら結びつくようになるかは，話してない」
「原子も，お見合いしたって結びつかない場合がある，というわけね」
「そうだ。宇宙空間を孤独のさすらいを続けていた原子どうしなら，出会うとたちまち反応するかもしらん。しかし地球上にある物質は，すでになんらかの安定状態になっている。だから，ただ二つの分子なりイオンが，ぶつかったというだけでは反応するとは限らない。この前の話の最後に出た，安定な水素と安定な酸素の反応から考えてみることにしよう。
 実験室の中で，水素と酸素を混ぜても，そのままでは反応しないことは知っているね」
「ええ，爆鳴気っていうのでしょう？ 試験管の口を指でおさえていて，マッチをすって近づけ，そっと指を放すと，キュッ！ なんて音を出して爆発する」
「それだ。ところで，前に$1cm^3$の空気中には，分子が10^{19}個もあるといったね。正確にいうと，0℃，1気圧の空気中には$2.69×10^{19}$個あることだが，これだけの分子がビー玉を

箱の中に入れたように静かにつまっているわけではない。それどころか、非常に速くとびまわっている。このスピードだが、本によって少しずつちがうので弱っているんだ。先ほど調べてみるとね、

0℃、1気圧の気体の中の分子の平均速度

	Aの本	Bの本	Cの本
水素分子	1690m/s	1700m/s	1770m/s
酸素分子	420m/s	425m/s	467m/s(空気)

とある。まあ、まん中のBの本の値を取ってみると、一番軽い水素分子は1秒間に1700mものスピードで走っている、というわけだ。

もし宇宙空間のように他の分子がほとんどない所で0℃だったとすると、今ここにいた水素分子が、1秒後には1700mもむこうにとんで行っていることになる。音速は331m/sだから、ざっとマッハ5のスピードだ。しかし1cm³の中に10^{19}個も分子のある1気圧の気体では、他の分子や壁にぶつからずまっすぐにとべる平均距離は、なんと、わずか1220×10^{-8}cmだという。単純に計算して

$$\frac{1700\mathrm{m}}{1220 \times 10^{-8}\mathrm{cm}} = \frac{1700}{1220} \times 10^{10} = 1.4 \times 10^{10} 回$$

1秒間に10^{10}回つまり100億回も、他の分子と衝突して向きを変えているのだ。わかるかい？ 気体というのは、このようにポンポンめぐるしくぶつかってはねかえる無数の分子からできているってことなのだ。圧縮すると気体の体積がち

V 箱入り娘を嫁がせる法

ぢまるのは、この、平均してまっすぐにとべる距離がちぢむ、ということになる」
「1秒間に100億回も」
「しかしこれは平均の話で、同じ0℃でも瞬間的にはほとんど止まっている水素分子もあれば5000m/sものスピードのものも混じっているかもしれない。とにかく平均して1700m/sのスピードで、ぶつかり合い、はねかえり合っている」
「すごい出会いね」
「それほど激しくぶつかり合っていてもH_2とO_2の分子は、0℃ではただはねかえるだけである」
「H—H、O＝Oの結びつきが、よほどつよいのね」
「そうなのだ。原子状のHとHなら、すぐ反応してH_2となるが、H_2となって安定した結合状態にいると、もう、ちょっとやそっとでは離れない。O_2も同じこと。

さあ、ここで熱の正体にふれなくてはならないが、今日の話のスジと離れてしまってはいけないので、簡単にふれるだけにする。とにかく、われわれは、この分子の活発さの目盛りを温度という、と思ってくれ。熱を与えるということは、分子に運動エネルギーを与えることなのだ。温度が高いほど、その中の分子の運動は、はげしくなる。

ということで、水素と酸素の混合気体にマッチの炎を近づけて、一部の分子に熱を与える。すると、その分子は、急にスピードを増して、はげしい衝突をする。すると

$$H_2 \longrightarrow H + H$$

$$O_2 \longrightarrow O + O$$

というように結びつきが切れる。すると原子状のHやOは，今度は出会うとすぐに反応する。それで，キューン！ とか，パン！ とか爆発的に化合する，というわけなのだ」

「熱するとは，安定な分子を不安定な原子に切ってやることになるのね」

「そうなのだ」

「だがへんよ」

「なにが」

「だって

$$H_2 \longrightarrow H + H$$

とわかれたのが，また

$$H + H \longrightarrow H_2$$

ともどればよいのに，どうして

$$2H_2 + O_2 \longrightarrow 2H_2O$$

と水になるのよ」

「なるほど，お前，なかなかいいところに気がつくな。こんなふうに考えたらどうだ。お前が卒業してダンスホールへ行ったとする。パートナーがなくて，壁ぎわに立っているのはいかにもつらいだろう。だから相手があれば相手かまわず組んで踊り出すだろう」

「相手かまわずはひどいわ」

「ところが，もしそこへ恋人が現われたら，バンドの演奏が一段落するのを待ちかまえていて，次の時は恋人と組むだろ

V 箱入り娘を嫁がせる法

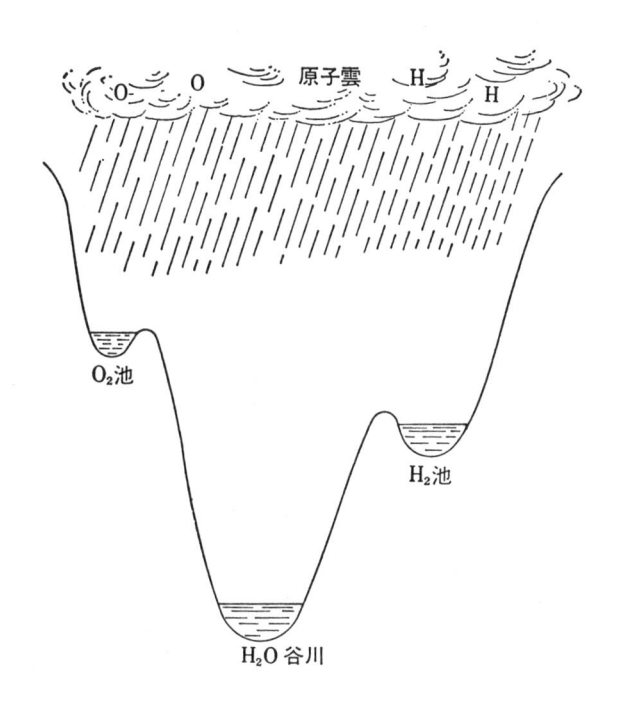

（図：原子雲からO、H の原子が雨のように降り、O₂池、H₂池、H₂O谷川へ）

V—1. 化合物には安定の段階がある

う」

「まあね」

「壁ぎわでひとりの時が原子状H，とにかく一応の安定状態として踊り始めるのがH_2の分子状，バンドの一段落が点火，そして恋人との踊りがH_2Oと思えばよいだろう」

「一応の安定と,本格的な安定ね」

「そう,いくら恋人が来ても演奏中すぐ手を離してそちらに行くのは,エチケットに反するだろう。というわけで,H_2 と O_2 もある温度になるまではそのままでいる,と考えたら」

「うーん,まあわかるけど」

「ではこんなたとえはどうだ。(第Ⅴ―1図)雲の中に水滴がある。これが原子状とする。その高い不安定な雲から水は雨となって降って山の中腹の凹みにたまる。そこで一応安定していて,そのままで池になっている。ところが,地震がおきて,水がゆれて堤(つつみ)をこえたらどうなる。いっぺんに谷川に落ちるだろう。

　つまり,H,O,H_2,O_2,H_2O の状態の中で,H_2,O_2 は中途の安定,H_2O が最終的な安定。したがって点火して一度反応が始まると,発生する熱で次々と反応が連鎖的におこり,遂に,みんな一番安定な H_2O になる。

　　$2H_2 + O_2 \longrightarrow 2H_2O$

が完了する,というわけ」

「あ,なるほど。地球上の物質は,とにかく一応の安定状態になっているので,さらに安定なところへ行きつきたくても,一度,その一応の安定をこわさないとだめってわけね」

「そう,その手段として,多くの場合に熱するのだ。時には電気火花,あるいは光によって反応が進むこともある」

「鉄が熱くなくても徐々にさびるなんてのは,池の底から水

V　箱入り娘を嫁がせる法

がにじみ出て谷川に行くようなものね」
「うまいことをいうな。では，人工的に池の堤に穴をあけるようなこともあってよいだろう」

2．触媒という仲人さん

「穴をあけるって，点火するとは別に？」
「点火は，地震のように大ゆれで水が堤をのりこえることだ。もっと静かに水を出す方法がある」
「ゆっくり熱してやる？」
「熱するのは，分子のスピードをあげることで，点火と同じだ。もっと別に安定を破る方法があるのだ。『ハクキンカイロ』（商品名）というの知らないか？」
「あ，亡くなったおばあさんのがあったわ」
「あれは水素ではなく，ベンジンを燃やすのだ。ベンジンは工業用ガソリンの一種だから，点火すればはげしく燃える。空気と混ぜて電気火花で点火すれば，爆発的に燃える。ところが，同じベンジンが，かいろの中ではホカホカと燃えて，やけどなんかしないし火事にもならないだろう」
「そうね」
「あれには，白金海綿というのが一役買っている」
「あ，わかった。触媒ね」
「そう，触媒を使うと反応が速く進む。触媒の媒の字は，仲人さん，媒酌人っていう字だ。適齢期の青年男女がたくさん

いても，自然に結びつくカップルはあまり多くない。そこで〝あんたあの子どう〟なんて出会いの場をつくってくれる人があると，結びつきが速くなる」
「あら，お母さんみたいに，なんど仲人してもまとまらないこともあるわよ」
「触媒だってそうなんだよ。もともと反応しない物をいくら触媒にふれさせたって反応はしない。反応の可能性のある物の反応を速めるのが，触媒の役というわけ」
「どうして速めるのよ」
「仲人は，うまく話して，結婚しようかな，という気持ちを高める。触媒は，池の堤に穴をあけて，少しのゆれでこぼれ落ちるようにする。H_2なりO_2の分子を，一度触媒の表面に吸着して，H—Hのつながりや O＝O のつながりを弱めるというわけ」
「では，反応する物質をよく吸着するものが触媒になれるわけね」
「そうなのだ。白金などは，かなりいろいろな反応の触媒になる。二酸化マンガンは，塩素酸カリウムや過酸化水素を分解して酸素を作る時によく使う触媒だ。
　ところがね，同じ触媒作用をする物質の仲間で，酵素というのがある。デンプンを消化する酵素はアミラーゼだということは知ってるだろう」
「あ，中学で習ったような気がするわ」
「アミラーゼはデンプンにだけしか働かない。タンパク質も

Ⅴ　箱入り娘を嫁がせる法

脂肪も消化できない。このように酵素は，触媒作用をする反応が，はっきりきまっている。ここが白金や二酸化マンガンのような無機化合物の触媒とちがうところさ。

　生物の身体の中ではね，たくさんの種類の物質があって，その中から酵素によって，次々と反応が連続的におこる。そして，生物としての働きをしている。だから，生物とは，一連の酵素の組み合わせを持った物質系だ，といえるかもしれない」

「では，酵素の研究をすることは，生物の働きを知るためには重要なことね」

「そうなのだ。今省エネルギーといわれ，太陽のエネルギーを利用する研究が盛んに行われている。しかし植物は，大昔から光合成に太陽エネルギーを利用している。植物の光合成を進める酵素の一群を人工的に作れるようになったら，工場で光合成によって，石油のようなものが作られるかもしれない」

「わあ，やってみたいな，そんな研究」

「そのためには，まず，初等化学からマスターしなくては」

「あーあ，それが現実ね。夢をみるはたやすいが，夢を実現させるには，現実を一歩一歩進むしかない。先生がいってたわ」

「ということで，現実の話にもどろう。反応を速めるもう一つの条件がある」

3．やっぱり出会わなくては，始まらない

「それはね，ぶつかるチャンスを多くしてやることさ」
「なあーんだ，あたりまえじゃないの。ぶつからなくては，いくら反応しやすいものだって，反応しようがないのだもの」
「そうだよ。ここに，宇宙空間と地球上の化学のちがいを考える条件があるというわけさ。

　水素と酸素が反応すれば，落ち着く先は水だ。その途中，OHという分子の段階を通るとする。ぶつかる回数がものすごく多い地球上の環境では，OHが存続する時間は，きわめて短いので，無いに等しい。ところが，宇宙空間では，衝突がなかなかおこらないから，この途中段階のOH分子が，あるといえるくらいの時間存在する，というわけだったね」
「そうね。C_2がペケのわけ，もうよくわかったわ」
「だから，反応を速めるには，衝突回数をふやすのも一条件だとわかるだろう。つまり単位空間の中の分子数，つまり，分子濃度を高めてやることだ」
「圧力をかけて，体積をちぢめてやればよいことね」
「気体の場合はね。液体の場合は，濃度が関係することがわかるね。ふつう実験室で，沈でんなど作ってみる反応は，濃度がかなりうすくても，ほとんど瞬間的に反応が進む。しか

し，有機化合物の反応では，1時間や2時間ではなかなか進まないことが多い。そんな時は，濃度の影響を見ることができる。

梅酒とかみそなどは，1年も2年もおくと，味にコクがでるといわれるだろう。あれは，ごく微量の物質が，ゆっくりと反応して，新しい物質ができていくことだろうな」
「では，温度をあげたり，なにかいい触媒を入れてやれば，速くコクがでるわね」
「あはは，いかにも現代っ子らしい考えだな。たしかに，反応がきまっていて，他の反応がおこる可能性がなければ，そういうことがいえるだろう。ただし，相手は，まだ正体のわからない化合物が何種類も混じっているものだ。うっかり熱したら，とんでもない反応が進まないとも限らない。まだまだ，おじいさんのカンや自然の経過に，化学が及ばない世界だろうな」
「うーん，くやしいな」
「梅酒の化学，それだけでも博士論文が一つや二つは書けるくらい研究することがあるだろうな。しかし……」
「ああ，その先はわかってます。まず初等化学を……でしょう」
「あはは，では，その初等化学のために，今日のところをまとめてみよう。

化学反応をすすめる条件は三つあるということだな。
  1．濃度を高める（分子の衝突回数を多くする）

2．温度をあげる（衝突の勢いを強くして一時的な安定
　　　を破る）
　　3．触媒を使う（一時的な安定の結びつきをゆるめる）」
「うふふ，やっぱり私のいったことが正しいわね。お母さんという触媒が，見合いをたびたびさせても反応がおこらないのは，熱が足りないから，ってことでしょう」
「人間の結びつきの法則は，心理学にまかせておいて，化学反応ではたしかに熱は大きな役割をしているね。化学反応がおこってその結果熱の出る反応は，ものが燃える時のように，出る熱でますます反応が速くなる。

　反対に，反応すると熱を吸収する反応では，どんどん外から熱を与えないと，冷えて反応がとまってしまう」
「あら，熱を吸収する反応もあるの」
「あるさ。前に話した，乱雑さを増すという，おこりやすい反応は，発熱反応が多いと思ってよい。反対に，創造・進化の方向の反応は，熱を吸収すると思うべきだ。植物の光合成も，太陽の光のエネルギーを吸収しておこるだろう」
「そういえばそうねえ」
「化学反応と熱のことは，ま，改めて機会を見て話すとしよう」
「聞かなくてはならないことが，いっぱいあるのねえ」
　マリ子さんは，楽しみとも，がっかりともとれる大きなため息をつきました。

Ⅴ　箱入り娘を嫁がせる法

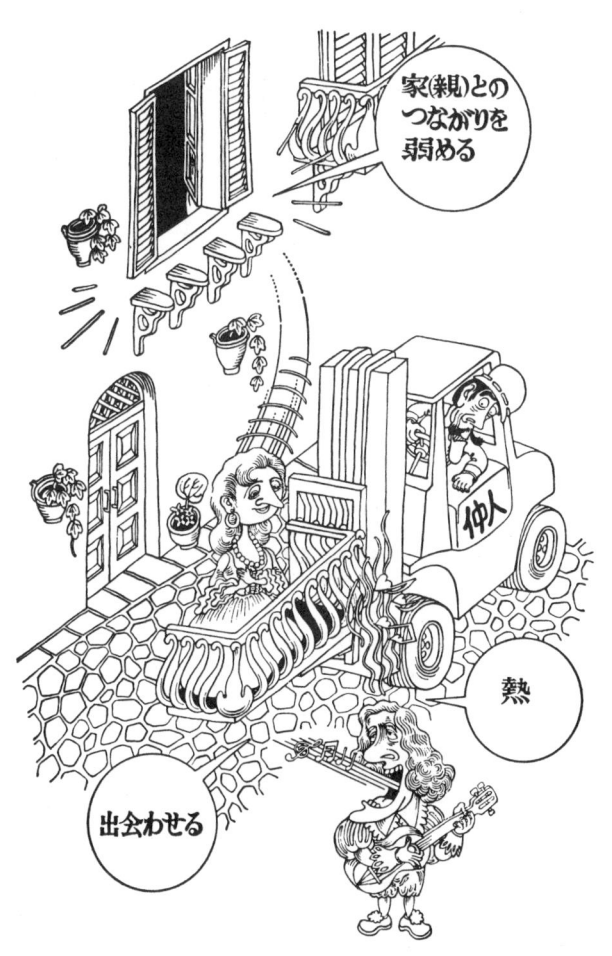

Ⅴ—2．箱入り娘を結婚させる3条件

Ⅵ──いやな化学反応もパターンに分けてみると…

1. 強き者よ,汝は勝者なり

「おいマリ子,散歩に行かんか」
「あらめずらしい,私をさそうなんて。でも照れくさいわね,お兄さんと歩くなんて」
「まあそういわずに,出かけたと思え」
「あら,なに,ほんとに行くんじゃないの?」
「うふふ,勉強,勉強。

　この前は,化学反応がおこる一般論みたいな話をしたな。一応の安定状態にある化合物も,より安定な状態をめざして反応をおこす。その反応をすすめる条件に三つあると。

　しかし,お前が学校で習う化学反応にはいろいろあって,どれがより安定な状態かなど,わかりはしないだろう。結局一つ一つの反応をおぼえるしかない,と思ってしまう」
「そうよ。やっぱり暗記になるのよ」
「しかしな,ただ丸暗記より,そこになにがしかの法則性のようなものがあれば,おぼえやすいだろう。というわけで,

Ⅵ　いやな化学反応もパターンに分けてみると…

今日はお前たちが習うような化学反応を，いくつかのパターンにわけて考えてみようと思う。

そこで今，ぼくとマリ子が二人で公園を歩いていると，むこうからお前の友だちのユミ子さんが来たとする。すると，ぼくが，"おいマリ子，お前先に帰っておれ，ぼくはユミ子さんと少し話がある"といったとしたら，お前ならどうする？」

「あら，お兄さん，ユミ子さんに気があったの？　あのひと美人だし，頭もいいからなあ。いい，あのひととなら許してあげる」

「おい，おい，今は化学の勉強なんだぞ。"では私，ひとりで帰るわ"と応じてくれなくてはだめだよ。つまりね，こんな反応がおこった，といいたいわけさ。

　　研一・マリ子＋ユミ子 ─→ 研一・ユミ子＋マリ子

この場合，研一とマリ子の結びついていた強さよりも，研一・ユミ子の結びつく力の方が強いので，お前がユミ子さんに追い出された，ということだろう」

「はい，はい。私は喜んで追い出されてさしあげます」

「このように，一応安定した結合をしている原子でも，もっと安定した結合のできる原子などが来ると，相手を交換する反応をする。

例えばこんな場合。

ヨウ化カリウム（KI）という無色の四角い結晶の化合物がある。カリウム原子とヨウ素原子がイオン結合をしている

Ⅵ—1．反応のパターン①＝強い者は弱い者を追い出す

化合物だ。これを水に溶かすと無色の溶液になる。これに塩素ガス（Cl_2）を吹きこむと，液はたちまちかっ色に変わる。

　これは塩素の方が，カリウムと結びつく力がヨウ素より強いので，塩素がヨウ素を追い出したということだ。かっ色はヨウ素の色なのだ。つまりこんな反応がおきたのだ。

VI　いやな化学反応もパターンに分けてみると…

　　ヨウ化カリウム＋塩素 ─→ 塩化カリウム＋ヨウ素
　　$2KI + Cl_2 \longrightarrow 2KCl + I_2$」
「カリウムがお兄さんで，ヨウ素が私，そして塩素がユミ子さんってわけね」
「そう。反対に，塩化カリウムの溶液にヨウ素を加えても，反応はおこらない。つまり，カリウムとの結合力の弱いものは，強いものを追い出せないのだ」
「水溶液でなくてはだめなの？」
「いや，ヨウ化カリウムの結晶に塩素を吹きかけても，結晶の表面がかっ色になる。つまり反応する。しかし中の方までは，塩素は入りこまない。だが水に溶かせば，ヨウ化カリウムはバラバラになっているので，すべてが反応する。

　少しちがった考え方をしてみるか。ヨウ化カリウムは，イオン結合の化合物だから，前に出た食塩の場合と同じように，結晶の中ではK^+とI^-が一つおきにならんでいる。そして水に溶かすと，イオンはバラバラになって水の中に散らばる。式で書くと
　　$KI \longrightarrow K^+ + I^-$
だね。そこに塩素を通ずると，塩素と反応するのは実はI^-の方で
　　$2I^- + Cl_2 \longrightarrow 2Cl^- + I_2$
ということになる。つまり，塩素の方が，電子（マイナスの電気）をひきよせる力がヨウ素より強いから，この反応がおこるのだ」

「この考え方だと,K^+の方は関係ないのね」

「そう,K^+すなわちぼくは,ヨウ素と塩素がガールフレンドの座をうばい合うのを,だまって見ているってわけさ」

「いやーね,そんなたとえ。私はお兄さんのガールフレンドではないわ」

「ではこんどは,プラスのイオンの方がボーイフレンドの座をうばい合う場合を考えようか。

　硝酸銀($AgNO_3$)という無色の結晶がある。これは,銀イオン(Ag^+)と硝酸イオン(NO_3^-)がイオン結合をしている化合物だ。水に溶けると,このように電離する。

　　$AgNO_3 \longrightarrow Ag^+ + NO_3^-$

　この硝酸銀溶液の中に,銅線をつるしておくのだ。しばらくすると,銅線の表面が白っぽくなり,やがて,キラキラ輝く銀の結晶が木の枝のようにのびてくる。そしてはじめ無色だった水溶液の方は,しだいに青みをおびてくる。この青い色は銅イオン(Ⅱ)(Cu^{2+})の色なのだ。つまり,溶液の中で

　　$2Ag^+ + Cu \longrightarrow 2Ag + Cu^{2+}$

という反応がおこって,銀が銅線の表面について,一方,液の中にはCu^{2+}が溶け出したことになる」

「銅の方が,プラスの電気を持つ力が,銀よりも強いってわけね」

「そう。プラスの電気を持つというのは,電子を離すことだろう。だから電子を離す力が,銀よりも銅の方が強いということだ」

Ⅵ いやな化学反応もパターンに分けてみると…

「この場合も,逆の反応はおこらないわけね」
「そう,逆に硝酸銅の溶液に銀を入れても,銅は出て来ないからね。

　同じような実験でよくやるのが,鉛樹だ。さく酸鉛の水溶液の中に,亜鉛のかたまりをつるしておくと,シダの葉のような美しい鉛の樹ができる」
「ねえ,ちょっと,話の途中だけど,どうして,つるす,っていうの？　ただ入れただけではだめなの？」
「反応がおこる,という意味では,どんな入れ方をしてもだめではない。しかし,美しい鉛樹を作るには,つるさないとだめだ」
「どうして？」
「それは,今問題にしている反応とは別のことだが,鉛の樹がだんだん成長していく時,地球の重力の影響で,下の方へ成長するとよくのびる。上に成長すると,ごてごてと固まってしまって,美しい枝状にならない。つまり,結晶を美しくのばすために,下の方に成長させる。だから上からつるす,ということになる」
「なるほど,シャボン玉を吹く時も,下むきの方ができやすいもんね」
「さあ,本すじにもどろう。この時の反応は次のように考えればよい。

　さく酸鉛の水溶液の中には,鉛イオン(Ⅱ)(Pb^{2+})がある。そこに亜鉛を入れると

$Pb^{2+} + Zn \longrightarrow Pb + Zn^{2+}$

と置きかわったということだ」

「亜鉛の方が鉛より，電子を離す力が強いってわけね」

「そう。このように金属の化合物の水溶液に，他の金属を入れると，入れた金属の方がイオンになる力（電子を離す力）が強いと，はじめ溶けていた金属が金属樹となって出てくる。だからいろいろな組み合わせのこういう実験をやってみると，金属のイオンになる力の強さの列が作られるだろう。これを**イオン化列**という。

K. Ca. Na. Mg. Al. Zn. Fe. Ni. Sn. Pb.

(H)Cu. Hg. Ag. Pt. Au

この列の左の方ほどイオンになる力，つまり電子を離す力が強いのだ」

「この表の右の側にある金属の化合物の水溶液に，左の方の金属を入れると，右側の方の金属が析出して（つまりイオンであることをやめて）金属樹ができる，というわけね」

「そういうこと。ただし水溶液の中ばかりとは限らない。戦争中，しょうい爆弾に使われたテルミットというのがある。平和時でも，レールの接合などに使われる。これは，アルミニウムの粉と酸化鉄の粉を混ぜたものだ。

これに点火すると，はげしく火花をあげて反応する。

$2Al + Fe_2O_3 \longrightarrow Al_2O_3 + 2Fe$

つまり鉄と結びついていた酸素を，アルミニウムがとってしまう反応なのだ。この時出る熱で，できた鉄がとけてくる

ので，鉄の溶接に使える」

「では，鉄やアルミニウムでなくても，このイオン化列の右の方の金属の化合物に，左の方の金属を混ぜて反応をおこさせれば，同じように，右の方の金属が出てくるわけ？」

「そうだ。アルミニウムは今でこそ，もっとも目にふれる金属の一つだ。アルミはく，アルミサッシ，一円玉なんてね。ところが，アルミニウムをナポレオンに献上した，という話があるそうだから，ナポレオンの時代にはアルミニウムは貴金属なみに貴重だったことがわかる。現代のように安価に電解法によってアルミニウムを作る方法がまだ発明されていなかったからだ」

「ではその頃はどうして作ったの？」

「うん，それが今のテルミット的反応なのだ。アルミニウムよりイオン化傾向の強いナトリウムを使う

$$Al_2O_3 + 6Na \longrightarrow 3Na_2O + 2Al$$

といったような反応でアルミニウムができるわけだ」

「そうすると，このイオン化列は，よくおぼえておくことね，どっちが強い金属かわかるわけだから」

「そう。それでこの列をおぼえるのに，こんな方法がある。〝貸そうかな，まあ当てにすな，度をすぎは禁〟というのだ」

「なによ，それ？」

「うん，お前がぼくのところへ，お金を借りに来る。その時断る言葉と思えばよい」

「あら，お金借りるのは，お兄さんの方よ。たしかまだ……」
「おっとっと，今は化学の話。つまりな

K　Ca　Na　Mg　Al　Zn　Fe　Ni　Sn　Pb
(カ)(そう)(カ)(ナ)(マ)(ア)(ア)(テ)(ニ)(ナ)

(H)　Cu　Hg　Ag　Pt　Au
(ド)(ス)(ギ)(ハ)(キン)

というように，各金属の名の頭文字を読んでいくと，こんな言葉になるってわけ」

「ああ，だからその言葉をおぼえておけばイオン化列を思い出すってわけね。これはいい，これからお兄さんがお金貸せ，といって来たら，イオン化列よ！　っていえばいいわけね，ウフフ」

「これはとんだヤブヘビだったかな」

「だけどさ，これなに？　どうしてここに（　）つきでHがはいっているのよ，水素は金属ではないでしょう？」

「いかにも水素は金属ではない。しかし金属と同じようにプラスのイオンになる。その電子を離す力を金属と比べると，この位置にはいる，というわけだ」

「ついでに入れたってわけなのね」

「ついでになんてなめてかかるとH^+は甘くないぞ。ピリッとすっぱい。舌をやられるぞ」

2．水素を追い出せる金属と，追い出せない金属

「つまりね，H^+というのは酸性の責任者なのだ。どんな酸

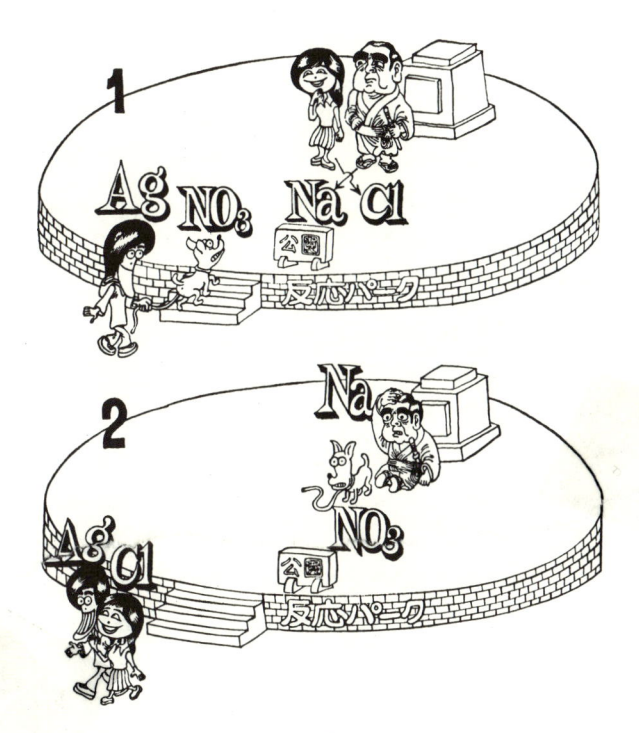

Ⅵ―2．反応のパターン②＝沈でんができるとき

「この時の反応を式で表わすと

　　NaCl ＋ AgNO$_3$ ⟶ AgCl↓ ＋ NaNO$_3$

になる。つまり組み替えがおこった。それは AgCl が沈でんになってしまうからだ。いわば研一，ユミ子のカップルが二人きりの話がしたくて公園から出て行くように。

Ⅵ　いやな化学反応もパターンに分けてみると…

3．パートナーの組み替え
その1．味なカップルができる時

「さあ，化学反応がおこる別のタイプを考えてみよう。研一とマリ子が散歩に行く」
「あら，また！」
「うん，公園に行ってみると，あちこちにアベックがいる。だが知らない連中なので，互いに見むきもしない。ところが，しばらく行くと，ベンチにユミ子さんと明君がならんで腰かけていた。二人を見つけるとユミ子さんは，〝まあ研一さん〟と立ちあがって来る。〝あ，ユミ子さん〟と研一はユミ子さんの手をとって公園から出て行ってしまう。そこで仕方なくマリ子は明君とベンチに腰をかけた」
「いい気なもんね。ユミ子さんが聞いたらおこるわよ」
「まあいいから聞け。とにかくここで組み替えがおこなわれた。研一をK，マリ子をM，明君をA，ユミ子さんをUとすると
$$K \cdot M + A \cdot U \longrightarrow K \cdot U + A \cdot M$$
となったということだ。

さあ，このようなタイプの化学反応を考えてみよう。塩化ナトリウム（NaCl）の水溶液に硝酸銀（$AgNO_3$）の水溶液を加えると，白くにごる」
「ええ，やったことあるわ」

Ⅵ いやな化学反応もパターンに分けてみると…

　これをイオンの反応で考えると、塩化ナトリウムも硝酸銀も、イオン結合の化合物だから水の中では電離している。

　　$NaCl \longrightarrow Na^+ + Cl^-$

　　$AgNO_3 \longrightarrow Ag^+ + NO_3^-$

だから、この両者の水溶液を混ぜるということは、この4種のイオンを混ぜるということになる。

　ところが Ag^+ と Cl^- がぶつかると、水に溶けない AgCl になってしまう。

　　$Ag^+ + Cl^- \longrightarrow AgCl \downarrow$

　したがって液の中には、Na^+ と NO_3^- が残ることになる」
「では、もし4種のイオンを混ぜても、その中にそういう水に溶けない化合物を作る組み合わせがなければ、反応はしないの」
「そういうこと。知らないアベックのすれちがいってわけさ。例えば塩化ナトリウム溶液に、硝酸カリウム（KNO_3）溶液を加えたときがそうだ。

　　$NaCl \longrightarrow Na^+ + Cl^-$

　　$KNO_3 \longrightarrow K^+ + NO_3^-$

というわけで、Na^+, K^+, Cl^-, NO_3^- の4種のイオンが混合する。しかし、そのままで、変化は現われない。混合という物理変化だけで化学変化はおこらない、というべきかな」
「$Ag^+ + Cl^-$ 以外にも、沈でんになる組み合わせはあるの？」
「ある、ある。Ag の化合物では、臭化銀（AgBr）、ヨウ化銀（AgI）が沈でんする。

これらは，写真の感光剤に使われる化合物だ。
　硫酸化合物の検出に使う試薬を知っているだろう？」
「えーと，あ，塩化バリウム（$BaCl_2$）ね」
「そう，あれも
　　$BaCl_2 + H_2SO_4 \longrightarrow BaSO_4\downarrow + 2HCl$
イオン式だと
　　$Ba^{2+} + SO_4^{2-} \longrightarrow BaSO_4\downarrow$
という反応で硫酸バリウムの沈でんができるからだ。
　二酸化炭素の検出で，石灰水（$Ca(OH)_2$）の中に二酸化炭素を吹きこむと，白くにごることも習っただろう」
「ええ，やったわ」
「あの時の反応は
　　$Ca(OH)_2 + CO_2 \longrightarrow CaCO_3\downarrow + H_2O$
と炭酸カルシウム（$CaCO_3$）が沈でんして白くにごることだ」
「では，石灰水でなくても，カルシウム化合物にCO_2を吹きこんでも炭酸カルシウムが沈でんするわけね」
「うーん，ちょっとそれは困るんだな。例えば塩化カルシウムの水溶液にCO_2を吹きこんだとする。$CaCO_3$が沈でんするとすると
　　$CaCl_2 + H_2O + CO_2 \longrightarrow CaCO_3 + 2HCl$
という反応になるはずだな。ところが，ここでできるHClは塩酸だろう。$CaCO_3$は塩酸には溶けてしまうので，反応は逆に進んでしまう。だから沈でんはできないのだ」

VI いやな化学反応もパターンに分けてみると…

も,水に溶けるとH^+を出す。例えば,塩酸（HCl）は,

$HCl \longrightarrow H^+ + Cl^-$

硫酸（H_2SO_4）は

$H_2SO_4 \longrightarrow 2H^+ + SO_4^{2-}$

というように。

そこで,その酸の溶液の中に,イオン化列のHより左の方の金属,えーと,マグネシウムがいいか,マグネシウムを入れたとする。どういう反応がおこると思う」

「えーと,液の中にH^+があって,そこに,それよりイオンになる力の強いマグネシウムが来るのだから,電荷が置きかわるはずね。

$H^+ + Mg \longrightarrow H + Mg^+$

ってこと？」

「うーん,そういうことだが,Mg^+はいかん。Mgの価電子は何個あったかな」

「あ,そうだった。2価だったわね。すると

$2H^+ + Mg \longrightarrow H_2 + Mg^{2+}$

でいいことね」

「そうだな。ところで,H_2は気体だから,金属樹とはならないで,泡になって外に出てしまう。この反応をイオン式でなく完全な反応式で書いてみると

$Mg + H_2SO_4 \longrightarrow MgSO_4 + H_2 \uparrow$

ということになる」

「あ,そうすると,水素の製法で亜鉛と希硫酸を混ぜる場合

も同じいきさつなのね。

$$Zn + H_2SO_4 \longrightarrow ZnSO_4 + H_2\uparrow$$

という反応」

「そうだ，その場合も，イオンの反応式にすると

$$2H^+ + Zn \longrightarrow H_2 + Zn^{2+}$$

という同じような置きかえの反応だ。一般的にこんな式で書けるだろう。金属をMとし，酸をHAとすると

$$M + 2HA \longrightarrow MA_2 + H_2」$$

「ああそうね，それをおぼえていると，金属と酸の反応はまごつかないわけね」

「ところが，お前たちのよくまちがえる反応式にこんなのがある。

$$Cu + H_2SO_4 \longrightarrow CuSO_4 + H_2$$

さあ，これがなぜまちがいか，説明できるかな」

「えーと，えーと，あ，そうよ。だってCuはイオン化列でHより右がわにあるでしょう。だからH$^+$に電子をわたして自分がCu^{2+}になる力はないわけよ，ね，そうでしょう」

「へへへ，ま，そういうこと。だいぶお前もわかってきたな。さっきお前は，（H）をついでに入れたのか，といったけど，ついでどころではないことがわかっただろう」

「はい，はい」

Ⅵ　いやな化学反応もパターンに分けてみると…

「うーん，そうすると前出の
　　$BaCl_2 + H_2SO_4 \longrightarrow BaSO_4\downarrow + 2HCl$
の場合，$BaSO_4$は塩酸に溶けないってこと？」

「そうなのだ」

「ああ，ややこしい。もうわからなくなりそう」

「あわてるな，あわてるな。おいおい慣れてわかってくる。この$CaCO_3$と塩酸の反応は，次にもう一度話すとするが，まず，沈でんのできる話を先にすませることにしよう。

　金属の水酸化物も水に溶けないものが多い。

　だから，金属の化合物の水溶液にアンモニア水（NH_4OH）を加えると，水酸化物ができて沈でんすることが多い。例えば，硫酸鉄（Ⅱ）（$FeSO_4$）の水溶液にアンモニア水を加えると，$Fe(OH)_2$の非常に薄いみどり色の沈でんができる。

　アルミニウムの場合もそう。硫酸アルミニウムの水溶液にアンモニア水を加えると，$Al(OH)_3$の白い沈でんができる。

　それから金属とイオウの化合物，つまり，硫化物も沈でんするものが多い。例えば硫酸銅（Ⅱ）の水溶液に硫化水素（H_2S）ガスを通ずると
　　$CuSO_4 + H_2S \longrightarrow CuS\downarrow + H_2SO_4$
で，硫化銅（Ⅱ）（CuS）の黒い沈でんができる。硫化物の色は金属によっていろいろとちがう。例えば硫化カドミウム（CdS）はとても美しい黄色，硫化亜鉛（ZnS）は白，硫化マンガン（Ⅱ）（MnS）は桃色，といったように。

　それで金属の分析に硫化水素は使われるのだ」

「わあ，そんな色もみんなおぼえなくてはならないの」

「すぐおぼえることを考えるから，化学が嫌いになるといっただろう。慣れれば自然におぼえるって」

「お兄さんはもう大学にはいっちゃってるから，そんなのんきなこといっていられるのよ。テストの前に，自然におぼえられる，なんていっていられて？」

「ぼくだってそういう高校時代から受験浪人時代と通っているんだよ。だからよけいそういうのさ。お前たちのテストは，範囲のきまったものだろう。だから丸暗記でも通る。それで，おぼえる，ということに重点をおく。だが受験となると，化学全範囲なんだよ，とても丸暗記はできない。だから理屈がわかって，何回もいろんな反応を見て，慣れていることが大切なのだよ」

「ええ，わかりました。沈でんに慣れるのね」

「沈でんだけではだめだ。反対に上に出る場合も考えねば」

「上に出る？」

「そう。K・Uカップルが公園から街の方へ下りて行くのが沈でんなら，公園から山の方へ登って行く，つまり気体になって出て行くってこともあるってこと。どちらも公園という反応の場から脱出するという点では共通する」

Ⅵ　いやな化学反応もパターンに分けてみると…

4．パートナーの組み替え
その２．蒸発するカップルができる時

「例えばどんな時？」
「二酸化炭素の製法を考えてごらん」
「二酸化炭素……ああ大理石に塩酸を加えるんだったわね」
「そう、よくおぼえてるね。大理石とか石灰石は、化学名でいうと炭酸カルシウムという化合物が主成分だ。だから、こんな反応だったな。

$$CaCO_3 + 2HCl \longrightarrow CaCl_2 + H_2O + CO_2\uparrow$$ 」

「あ、わかった。先ほどのCO_2を通じて沈でんができない、といった反応の逆ね」
「そう、逆に進めば$CaCO_3$が沈でんする。しかしこの場合は逆に進まずCO_2の発生の方向にすすむ。

炭酸カルシウムでなくとも、炭酸なになにという化合物に酸を加えると、多くの場合、二酸化炭素が発生する。ラムネは、重曹、つまり炭酸水素ナトリウム（$NaHCO_3$）に酒石酸という有機酸を加えてCO_2を発生させる。消火器には炭酸水素ナトリウムに硫酸だ。では、炭酸水素ナトリウムに塩酸を加える場合の反応を考えてみるか。両者ともイオン結合の化合物なので、水溶液の中では電離している。

$$NaHCO_3 \longrightarrow Na^+ + HCO_3^-$$

$$HCl \longrightarrow H^+ + Cl^-$$

Ⅵ—3. 反応のパターン③＝気体になって出てゆく時

双方が混ざると相手とイオンを交換する。

$Na^+ + Cl^- \longrightarrow NaCl$

$H^+ + HCO_3^- \longrightarrow H_2CO_3$

ここでできる NaCl は水によく溶けるから，水溶液の中では，NaCl とならず，Na^+ と Cl^- のままでいる。しかし一方，

Ⅵ いやな化学反応もパターンに分けてみると…

H_2CO_3は弱い酸だから,強い酸(電離しやすい)である塩酸を加えた環境の中では塩酸に追われて

$$H_2CO_3 \longrightarrow H_2O + CO_2\uparrow$$

となって,逃げ出す。従って,上の反応をまとめると,

$$NaHCO_3 + HCl \longrightarrow NaCl + H_2O + CO_2\uparrow$$

ということになる」

「あら,では沈でんのように,そのままではなく,姿を変えて出てくるのね。K君とU子さんの場合どうなること?」

「おい,おい,K君とU子さんの話は,話をわかりやすくする場合のたとえじゃないか。まあいいや,K君はたちまち変身して鬼になり,U子さんを抱えて空高くとび去った,とでもしよう」

「では,そこへ一寸法師かワタナベのツナが現われなくっちゃいけないわけね」

「ストップ。化学の話にもどろう。二酸化炭素が水にとけてできるH_2CO_3(炭酸)は弱い酸なので,強い酸や熱に会うと,すぐCO_2となって空中に逃げる。だから二酸化炭素の製法としては,H_2CO_3ができる反応を考えてやればよい。

石灰石の場合は

$$CaCO_3 + 2HCl \longrightarrow CaCl_2 + H_2CO_3 \underset{\uparrow}{\overset{H_2O\ +\ CO_2}{}}$$

炭酸ナトリウムの場合は

$$Na_2CO_3 + H_2SO_4 \longrightarrow Na_2SO_4 + H_2CO_3 \underset{\uparrow}{\overset{H_2O\ +\ CO_2}{}}$$

といったぐあいにね」

「なーるほど，では炭酸カルシウムに硫酸の場合は，

$$CaCO_3 + H_2SO_4 \longrightarrow CaSO_4 + \underset{\underset{H_2O + CO_2}{\uparrow}}{H_2CO_3}$$

ってわけね」

「うーん，待った。大理石のかたまりに加えるのは塩酸で，硫酸は使わない。やってみればわかるが，硫酸ではCO_2は発生してこない」

「あら，どうして？」

「それはな，$CaSO_4$（硫酸カルシウム）は水に溶けない物質なので，反応が少し進んで$CaSO_4$ができると，大理石の表面をおおってしまって，もう硫酸と大理石の接触が妨げられてしまうのだ。そうだな，大理石の表面にロウをぬっておけば，塩酸を加えてもCO_2は発生しないのと同じだ」

「ややこしいわねえ，いろんな事情があるわけねえ」

「だから，慣れろ，っていうんだ。

　さあいいか，CO_2のように水に溶けて弱い酸になる他の気体の場合も，反応はこれと同じように考えられるだろう。二酸化イオウ（SO_2，亜硫酸ガス）もその仲間だ」

「二酸化イオウというと，イオウのマッチをすった時の，あのツンとくる気体ね」

「そうだ。水に溶けて弱い酸になる気体として，この他に硫化水素（H_2S）がある。これも硫化なになにという化合物に，強い酸を加えればでてくる。

VI いやな化学反応もパターンに分けてみると…

$$FeS + H_2SO_4 \longrightarrow FeSO_4 + H_2S \uparrow$$

というようにな」

「あ,それ,この前の沈でんのできる反応の逆ね。

$$CuSO_4 + H_2S \longrightarrow CuS \downarrow + H_2SO_4$$

だったでしょう」

「いかにもその通り,一般的にいうなら,Mを金属元素とすると

$$MS + H_2SO_4 \rightleftarrows MSO_4 + H_2S$$

この時,MSが酸に強ければ ⟵ むきの反応でMSが沈でんに,弱ければ ⟶ むきの反応でH_2Sの発生になるというわけだ」

「酸に強い弱いは,どうして見わけるの?」

「うん,まあこんな一覧表があるから,必要に応じて見るのだな」(下欄)

○酸性の液でも沈でんするもの
 HgS(硫化水銀(Ⅱ),黒色)PbS(硫化鉛,黒色)
 CuS(硫化銅(Ⅱ),黒色)SnS(硫化すず(Ⅱ),暗かっ色)
 CdS(硫化カドミウム,黄色)
○酸性の液では沈でんせず,中性またはアルカリ性から沈でんするもの
 FeS(硫化鉄(Ⅱ),黒色)NiS(硫化ニッケル,黒色)
 MnS(硫化マンガン,肉色)ZnS(硫化亜鉛,白色)
○沈でんしないもの
 K,Na,Ca,Mgの硫化物

「あら,いろいろな色なんていったって,黒色がとても多いではないの,それで見わけがつくの?」
「うん,言葉というものは不便なものさ。同じ黒色といっても,目で見ると決して同じではない。例えば青みがかった黒だとか茶色がかった黒だとかね。だから実際に沈でんを作って,目でおぼえておけば,区別できる。それにね,ここでは酸に強いものと弱いものとに大別したが,実際は酸性の程度によって,沈でんする境がはっきりしているのだ。だから酸性の目盛りと合わせて見れば,はっきり区別できる。それで分析に使える」
「ああ,ややこしいわねえ。もう少々疲れたわ。気体になってこの場から脱出したい気持ちよ」
「待て,あと一つだけで今日は終わりにするから。今話したのは CO_2 にせよ SO_2 にせよ,水に溶けて酸になる酸化物だ。ところが,水に溶けてアルカリになる気体が一つだけある。これだけすましておこう」
「そんな酸化物があるの」
「いや酸化物ではない。アンモニアだ。アンモニアは気体で,水に溶けると

$$NH_3 + H_2O \longrightarrow NH_4OH（水酸化アンモニウム）$$

になる。だから CO_2 や SO_2 の場合と同様に考えて,アンモニアの化合物に,少し強いアルカリを加えると,アンモニアが発生する反応がおこる。

　実験室でアンモニアを発生させるには,ふつう塩化アンモ

ニウム（NH_4Cl）に，強いアルカリである消石灰（水酸化カルシウム）を加えて熱するね。こんな反応がおこるのだ。

$$2NH_4Cl + Ca(OH)_2 \longrightarrow CaCl_2 + 2NH_4OH \overset{\uparrow}{} 2NH_3 + 2H_2O$$

「なるほどね。でも水素や二酸化炭素を発生させる時は，熱しなくてよいけど，この時は熱しなくてはだめなの」

「そう，熱した方が速く出る。しかし熱しなくても出るよ」

「農家で化学肥料として，硫安（硫酸アンモニウム），硝安（硝酸アンモニウム）などをよく使う。また，土の酸性を中和するために，消石灰も使う。

このアンモニウム系の肥料と消石灰を，同時に使ってはならない，という，そのわけはわかるだろう」

「あ，そうか。熱しなくても反応して，アンモニアが逃げて肥料成分がなくなるわけね」

「よしよし，ではこれで今夜は終わりとしよう。お疲れさま」

「あーあ，疲れた」

「なんだ，逆だな。あはは」

「うふふ」

5．キッカケがあれば別れます

「ねえ，ねえ，お兄さん」

　研一君の帰宅するのを待ちかまえて，マリ子さんが研一君の部屋にやって来ました。

「おいおい，兄妹でも部屋にはいる時はノックせよ，といったのはだれだい」

「だって，ドアがしまっていないでしょう。そんなことよりね，今日学校の帰りに友だちの家によって，ドーナッツ作ったのよ。ドーナッツ作る時，ふくらし粉いれるでしょう。あれ，重曹でしょう。あれが油であげるとふくらむのは，重そうと何が反応して何ができたこと？　この前の反応の類型のどれにはいるのかしら？」

「今までドーナッツはどうしてふくらませるかも考えず，ムシャムシャ食べていたのに，どうしてふくらむか考えるようになったとは，マリ子の化学の勉強も，少しは身についてきたというわけか。それでは今日はその類型を勉強しよう。つまり，前に話した類型の中にはまだそれはなかったのだ」

「なあーんだ，どうりで考えてもわからなかったわ」

「重そうとは炭酸水素ナトリウムだったな。この前は，酸と反応して二酸化炭素のガスを発生させるのをやった。こんども二酸化炭素を発生することには変わりはない。ただ，反応する相手はなく，熱によって分解するだけの反応だ。つまり

$$2NaHCO_3 \longrightarrow Na_2CO_3 + H_2O + CO_2\uparrow$$

という分解だ。炭酸水素ナトリウムというのは，熱によって分解しやすい，やや不安定な物質だ。特に水分といっしょだと，100℃にならなくても分解する。だから，ドーナッツを油であげれば，十分分解してCO_2を出し，ふくらし粉になる，というわけだ」

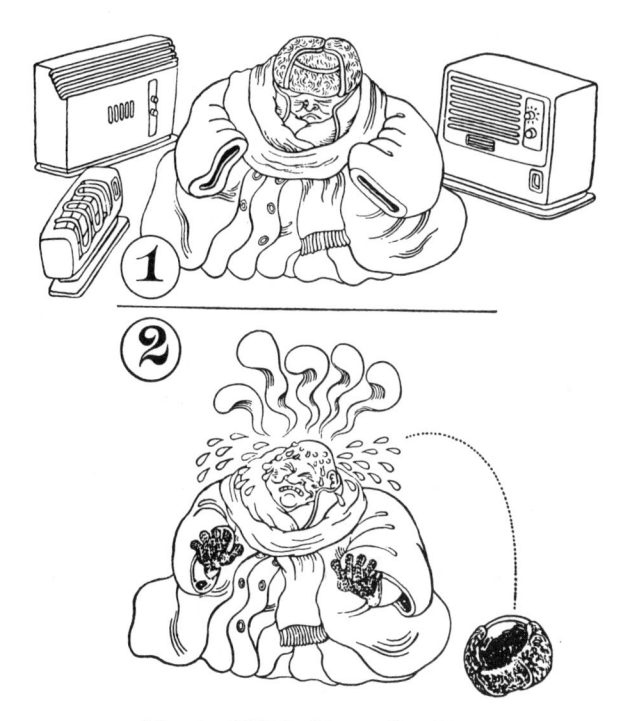

Ⅵ　いやな化学反応もパターンに分けてみると…

Ⅵ－4．反応のパターン④＝分解

「そうか。でも，そうすると，ドーナッツの中には，炭酸ナトリウム（Na_2CO_3）が残っているということね」
「そうだ。だからふくらし粉を入れすぎると，にがっぽくなるだろう」
「炭酸ナトリウムといえば，洗たくソーダといわれるもので

しょう。それを食べるの?」

「なんだ,ドーナッツが急にまずくなったような顔をして。お前が気がつかないだけで,食品にはずいぶんいろいろな薬品が入れられているのだぞ。つい先日の新聞にあったが,食パンを作るとき,臭素酸カリウムというのをいれるのだそうだ。すると均一によくふくらむからだという。これが発ガン性があるのではないか,というので問題になっているという記事だ*」

「いやねえ,毎朝食べるトーストの中に臭素なんとかいう化合物がはいっているの?」

「あはは,今までは知らぬが仏。ま,そのことは別の問題として,化学反応の類型の話に進もう。今話に出た臭素酸カリウム($KBrO_3$)の親戚で塩素酸カリウム($KClO_3$)というのがある。これは酸素の製法に使われるね。これに二酸化マンガンを触媒として少量混ぜ,熱すると簡単に分解する。

$$2KClO_3 \longrightarrow 2KCl + 3O_2$$

このように分解して酸素を出すので,燃えやすいもの,例えば炭の粉とかイオウなどと混ぜて点火すると,ドカーンと爆発する。だから,$KClO_3$は,うっかり他の物と混ぜてはいけない」

「あ,いつか過激派の使った爆弾のことで新聞に,塩素酸爆弾とあったけど,これね」

「そう。無差別に関係のない人まで殺傷するのに,化学の知識が使われるのは残念なことだ。

*使用量は30ppm以下でかつ最終製品に残存しないことを条件にパンに使用が認められているが,実際に製造されているパンのほとんどがビタミンCを使用している。独立行政法人 農林水産消費技術センター資料より

Ⅵ いやな化学反応もパターンに分けてみると…

 ところで同じように分解によって酸素を出すものに，過酸化水素がある。発ガン性があるといって問題になった」
「過酸化水素といえば消毒薬のオキシフル（オキシドール）の成分ね」
「そう。あの消毒作用も，分解して出る酸素によるのだ。
 酸素を実験室で作るのは，過酸化水素水に二酸化マンガンを触媒として少し加えるだけで，熱しなくていい。反応式は
$$2H_2O_2 \longrightarrow 2H_2O + O_2$$
だ。しかしね，この反応の内情は

$$\begin{array}{r} H_2O_2 \longrightarrow H_2O + O \\ +)\ H_2O_2 \longrightarrow H_2O + O \\ \hline 2H_2O_2 \longrightarrow 2H_2O + O_2 \end{array}$$

という二つの反応がつづいておこることだ。それで
$$O + O \longrightarrow O_2$$
になる前，ごく短時間，Oの状態，つまり原子状の酸素が存在する。だから，傷口を消毒する時，酸素（O_2）を吹きつけるより，バイキンを殺す力が強いのだ。この分解したての原子状のOのことを**発生期の酸素**という。反応する力がO_2よりずっと強いのだ」
「漂白作用もあるのね。過酸化水素水でふくと，顔が白くなるっていうわ」
「顔は知らないが，染料でそめた色などを漂白する作用はある。それから，ふつうわれわれの手にはいるのは，３％程度のうすい過酸化水素水だが，数十％という濃いものは，木片

をその中に突っこんだだけで燃えるというほど、分解して酸素を出しやすい危険な物質だ。ロケットの燃料に使われている。

それから、同じく分解して発生期の酸素を出すものに、オゾンがある。オゾンは、びんの中に入れて、これがオゾンでございます、と標本にはできないくらい不安定で、すぐ分解する。空中で電気火花をとばすと、できる。

$$3O_2 \rightleftarrows 2O_3$$

すぐできる端から分解する。

$$O_3 \longrightarrow O_2 + O$$

このように発生期の酸素を出すので、漂白などに利用される。

さあ、もう一つ、高温で分解する反応で、実用されている反応を話すとしよう。ふくらし粉などとちがって、ずっと高温、900°〜1000℃という高温で分解する

$$CaCO_3 \longrightarrow CaO + CO_2$$

つまり石灰岩から生石灰を作る、石灰ガマの中の反応だ。できた生石灰（CaO）に水を加えると消石灰（$Ca(OH)_2$）になる。

$$CaO + H_2O \longrightarrow Ca(OH)_2$$」

「どうして酸化カルシウムのことを生石灰、水酸化カルシウムのことを消石灰、なんていうの。余分におぼえなくてはならないじゃないの」

「うーん、たしかにこういう慣用名というのは、うるさい

VI　いやな化学反応もパターンに分けてみると…

ね。おそらく，昔石灰ガマで作業していた人たちは，化学の知識もなく，従って化学名で呼ぶのはわずらわしいので，カマから出たままのものを生石灰とよび，それに水をかけると熱が出る，それが水で火を消す時，水蒸気がでるのと似ているので，消石灰と呼んだのだろう。それが慣用名として使われている。まあ伝統の文化を受けつぐ身として，あきらめておぼえるのだな。

　生石灰はお前たち見ることはあまりないだろうが，消石灰はよく見る。運動場にラインをひく時に使う白い粉がそうだし，畑の酸性の中和に使ったり，しっくい壁に使う白い粉もそうだから。

　おもしろいことにね，しっくい壁にぬっておくと，空気中の二酸化炭素を吸収して

$$Ca(OH)_2 + CO_2 \longrightarrow CaCO_3 + H_2O$$

という反応で，石灰岩と同じ成分，炭酸カルシウム（$CaCO_3$）にもどる。そして水に溶けなくなる。なんのことはない，山から出されたゴロゴロした石灰岩を，平らな壁にするために，CaO や $Ca(OH)_2$ の段階をとおって元にもどすことだ」
「では，運動場にラインをひくのも，水に溶けない線をひくために消石灰を使うの？」
「うーん，そういう効果もあるだろうが，それより，一番安く手にはいる白い粉だからライン引きに使われるのではないのかな」
「そうか，化学式など考える必要のない使い道ね」

6．はげしい両人も中和するとおだやかに

「では，化学式を考える必要のある使い道について話すとしよう。畑が酸性になると野菜のできが悪くなる。ことにホウレン草などは酸性に弱いので，畑に灰や消石灰をまいて酸性を中和してやらないと育たない。

さあ，そこで酸性，アルカリ性ということだが，一応前に話したことあったな」

「ええ，青色リトマス試験紙を赤くするのが酸性，反対に赤色リトマス試験紙を青色にするのがアルカリ性ね」

「うん，それで両方を混ぜると，どちらの性質も消える。これが中和だった。

ところで，酸性を示す物質を酸というね。酸にはいろいろな種類がある。アルカリ性を示すのはアルカリまたは塩基という。アルカリは水に溶けるが，塩基の方が幅が広くて，水に溶けないものもふくまれる。実験室にある，もっともふつうの酸は，塩酸（HCl），硫酸（H_2SO_4），硝酸（HNO_3）だろう。この他リン酸（H_3PO_4），炭酸（H_2CO_3），亜硫酸（H_2SO_3）などがある。

われわれの日常生活に関係深いものは，有機酸といわれる，植物の体内などにある酸だ。一番なじみの深いのが，お酢の成分の酢酸（CH_3COOH），ハチやアリの毒にはいっているギ酸（$H \cdot COOH$），リンゴやブドウの酸味の責任者，酒

VI いやな化学反応もパターンに分けてみると…

石酸（$C_2H_2(OH)_2(COOH)_2$）などだ。

　ところで，酸素という元素があるね。酸の素と書くのだから，酸素が酸性の責任者だと思えるだろう。たしかに今あげた酸の化学式を見てみると，塩酸以外，みんな酸素をふくんでいる。昔まだ化学があまり発達しないころ，非金属の酸化物を水に溶かすと酸になるので，酸素が酸の責任者だ，と思われたので酸素と名がついた。しかし，HClや硫化水素酸（H_2S），フッ化水素酸（HF）など，酸素をふくまない酸があることがわかってきた。

　さあ，ではなにが酸の素か，今まであげた酸の化学式をずっと見てごらん，すべてにふくまれている元素があるだろう」

「わかるわ，Hよ」

「そうだな，つまり，酸素は酸素ではなくて，水素が酸素だったってことだ」

「へんな話」

「しかし，一方，水素をふくんでいる化合物で酸でないものもある。水がそうだろう。アンモニア（NH_3）もそうだろう。メタン（CH_4），アルコール（C_2H_5OH）等いっぱいある。だから水素がはいっているだけではだめで，酸性を示すためにはなにかほかの条件がなくてはならない。というわけでしらべてみると，酸の中の水素はみんな水に溶けて水素イオンとなることがわかった。つまり酸性の責任者はH^+だったのだ。いくつかの酸の電離を書いてみようか。

$$HCl \longrightarrow H^+ + Cl^-$$
$$H_2SO_4 \longrightarrow 2H^+ + SO_4^{2-}$$
$$HNO_3 \longrightarrow H^+ + NO_3^-$$
$$CH_3COOH \longrightarrow H^+ + CH_3COO^-$$

というぐあいにね」

「そこへHよりイオン化傾向の大きいMgやZnを入れると、H^+イオンの+がとれて水素が発生するんだったわね」

「そうだな。さあ、こんどは、酸性の反対のアルカリ性の責任者だ。アルカリといわれる化合物は、みんな〝水酸化なになに〟という名がついている。水酸化ナトリウム($NaOH$)、水酸化カルシウム($Ca(OH)_2$)、水酸化アンモニウム(NH_4OH)など。そして、水に溶けると、みんな水酸化物イオン(OH^-)を出す。

$$NaOH \longrightarrow Na^+ + OH^-$$
$$Ca(OH)_2 \longrightarrow Ca^{2+} + 2OH^-$$
$$NH_4OH \longrightarrow NH_4^+ + OH^-$$

というぐあいにね」

「OH^-がアルカリ性の責任者ってわけね」

「そう。だから、一般式で書くと、酸とはHAであり、アルカリとはBOHなのだ。水溶液の中では

$$HA \longrightarrow H^+ + A^-$$
$$BOH \longrightarrow B^+ + OH^-$$

そこでその二つの水溶液を混ぜる。するとH^+とOH^-は結びつきやすいので

Ⅵ　いやな化学反応もパターンに分けてみると…

Ⅵ―5．反応のパターン⑤＝酸とアルカリの中和

$$H^+ + OH^- \longrightarrow H_2O$$

と水になってしまう。そこで残りの水溶液の中にはB$^+$とA$^-$
がのこる。つまりBAの水溶液となる。このBAによって表
わされる化合物を，塩という。

　まあこんなわけだ，中和とは。まとめると

酸＋アルカリ ⟶ 塩＋水
　　HA ＋ BOH ⟶ BA ＋ H₂O」
「不思議ねえ，はげしい性質の酸とアルカリが中和すると，もっともおだやかな性質の水になる。水ってほんとは，両極端のはげしい性質をひめているのね」
「そしてその水が，地球上にたくさんある。水なくしては生物は一時たりと生きていけない。水の中における化学が地球上のすべてのものをきめているといってよい」
「水って偉大ね，平凡なのに」
「そう。そして地球が水の惑星というのは，偶然としても実に貴重な偶然だ。生命の発生する第一条件。少なくとも太陽系では他の惑星には考えられないことだ」
「宇宙の中に生物のいる星があるとして，やはりそこは水の多い星かしら？」
「さあ，ガソリンの海の中に，ケイ素を骨組みにした生物，なんてのがいるかもしれない。しかし，われわれの化学的知識からすると，やはり水の多い星に生命が誕生した，と考えた方が適当だ。

　まあ想像の話はやめて，化学反応の話にもどろう。つまり，化学反応の一群として，この中和反応があるということ。例えば，
　　硫酸＋水酸化アンモニウム ⟶ 硫酸アンモニウム＋水
　　H₂SO₄＋2NH₄OH ⟶ (NH₄)₂SO₄＋2H₂O
など」

Ⅵ いやな化学反応もパターンに分けてみると…

「すると、〜酸〜〜〜という名の化合物は、みんな塩というわけね」

「そうだ。学校の理科室に行って薬品戸棚を見てごらん。そこにある薬品の大半は、塩だ」

「だけど、ふつうの家庭にはあんまりないわね」

「そう、塩の多くは水に溶ける。そこで、一定の形を保つものや長く自然にさらすものには、塩は使わない。だから日常生活にはあまり見られない。まあ代表的なのは食塩（NaCl）だろうな。そしてほら、お前の机の上にある石こう像、これは硫酸カルシウム（$CaSO_4$）で水に溶けないので、こうしていつまでもおける。壁の炭酸カルシウム（$CaCO_3$）もそう。ガラスも、ケイ酸カルシウムなどいくつかのケイ酸塩の混合物といえる。インクの中には、硫酸鉄（Ⅱ）が少しはいっている。とにかくあまり多くはないね」

「インクは、書いた時は鮮やかな色だけど、しばらくたつと、黒っぽくなるわね、あれはどうして？」

「うん、インクの中には、硫酸鉄（Ⅱ）の他に、タンニン酸とか没食子酸などという有機酸と、それに染料がはいっている。硫酸鉄（Ⅱ）は薄いみどり色なので、書く時は主に染料の色で鮮やかなのだ。それが乾いて空気にふれると、酸化されて、タンニン酸鉄（Ⅲ）とか没食子酸鉄（Ⅲ）とかいうような水に溶けない塩になる。Ⅲ価の鉄塩は茶かっ色なので、それが染料と混じって、黒っぽい色になるのだ」

「では、インクで字を書いた紙の上でも化学反応がおこって

いるということね」
「そうだ。酸化,還元というのも,化学反応の重要な一類型なのだった。ではそれを考えようか」

7. 放す方はとられたといい,
　　手に入れた方はとったという

「マリ子,中学の理科で,酸化,還元というのはどのように習った？」
「酸素と化合することが酸化で,化合している酸素をとられることが還元,でしょう」
「そういうことだな。炭素が燃える
　　$C + O_2 \longrightarrow CO_2$
　マグネシウムが燃える
　　$2Mg + O_2 \longrightarrow 2MgO$
　これらはみんな酸化という反応だ。還元というのは,酸化銅が銅になる
　　$CuO + H_2 \longrightarrow Cu + H_2O$
　鉄の鉱石（Fe_2O_3）がコークス（C）と反応して鉄ができる
　　$2Fe_2O_3 + 3C \longrightarrow 4Fe + 3CO_2$
　これらは還元反応,というわけだな」
「ええ,そうよ」
「では聞くがねえ,
　　$CuO + H_2 \longrightarrow Cu + H_2O$

Ⅵ いやな化学反応もパターンに分けてみると…

の反応で,H_2はどうなった?」

「H_2? えーと,水になったわけでしょう」

「水になった,ということは?」

「水になった,ということは,酸素と化合した……あ,じゃ,酸化ねえ?」

「そういうことらしいな」

「すると,この反応は,酸化の反応でもあるわけね」

「ああ,酸化銅(Ⅱ)についてみれば還元されて銅になった。しかし水素についていえば酸化されて水になった。つまりね,一方が他方を酸化(もしくは還元)すれば,そのものは相手によって還元(もしくは酸化)される,というわけさ。だから,酸化と還元は,同時におこるのだよ。

$$2Fe_2O_3 + 3C \longrightarrow 4Fe + 3CO_2$$

だって,

$$Fe_2O_3 \longrightarrow Fe \quad \text{は還元反応}$$

$$C \longrightarrow CO_2 \quad \text{は酸化反応}$$

というわけさ」

「え? え? え? だったら

$$C + O_2 \longrightarrow CO_2$$

はどうなのよ,これは酸化反応でしかないでしょう?」

「ところが$O_2 \longrightarrow CO_2$の部分は還元といってもよいのだ。酸化されたものがあれば,必ず還元されたものがある」

「あやしいな。お兄さん,ごまかしているんじゃない?」

「ごまかしなもんか。酸化,還元は,だんだん広い意味にな

る。

  $H_2 + Cl_2 \longrightarrow 2HCl$

という酸素のまったくない反応でも,酸化・還元反応という。

  $H_2 \longrightarrow 2HCl$　は酸化

  $Cl_2 \longrightarrow 2HCl$　は還元

というように」

「どうしてそういえるの？」

「うん,H_2の中では,2個のH原子が共有結合しているだろう。ところが,できたHClは水に溶けるとH^+とCl^-になることでわかるように,HはClの方へ電子をわたしてH^+に,またClは電子をもらってCl^-になっている。つまり

  電子を失う反応が酸化

  電子を得る反応が還元

ということなのだ。

 $C + O_2 \longrightarrow CO_2$の場合も,電子が炭素の方から酸素の方に移っている。炭素は電子を失うので酸化された,酸素は電子を得るので還元された,ということになる」

「うーん,むつかしいなあ。えーと,炭素の外殻には4個の電子があって,酸素の外殻には6個の電子があったわねえ。(図Ⅲ－2。46ページ)そこで炭素は,二つの酸素に電子を2個ずつわたして,安定して,逆に各酸素は外殻に8個の電子が入ってまるくおさまって,CO_2ができたわけ？　でも,いちいちこんなこと考えなくてはいけないの？」

「うん,便法がある。お前たちが化学で習う化合物は化学式

Ⅵ いやな化学反応もパターンに分けてみると…

Ⅵ—6. 反応のパターン⑥＝酸化・還元

がわかるものがほとんどだ。だから化学式を見ると酸化か還元かわかる方法がある。

それでは聞くがね、水は H_2O と書くだろう。なぜ OH_2 と書かないのだ？」

「うーん……そういう慣用になっているためではないの？」

「慣用にはちがいないが，意味がある。つまり前に書く方が陽性元素，つまり電子を失って＋になりやすい方の元素を書くことになっているのだ。ただし，有機化合物は炭素を中心とした化合物なので，CH_4（メタン）とか，C_3H_8（プロパン）とか，Cから書く。まず化学で先に習う無機化合物では，前に書くのがより＋になりやすい元素と思えばよい」

「そういえば金属元素がいつも先に書いてあるわけね。読むのは後ろから読むのに」

「日本語ではね。だけど英語では前から読む。CO_2は日本語では後ろから二酸化炭素というが，英語では carbon dioxide と前から読む。それはともかくとしてだ。こんなに考える。前にある方の原子の原子価を＋の**酸化数**，後ろにある方の原子価を－の酸化数とする。そして化合物の中では＋の酸化数と－の酸化数が同数で，さし引き0になっている。反応がおこって一つの元素について

　　　酸化数のふえる反応を酸化

　　　酸化数のへる反応を還元

とするのだ」

「うーん，では前も後ろもないH_2の場合はどうなの」

「うん，単体の酸化数は0とする。さあ，そうして考えてみよう。

　　　$C + O_2 \longrightarrow CO_2$

の反応で酸化数を上に書いてみると

Ⅵ　いやな化学反応もパターンに分けてみると…

$$\overset{0}{C} + \overset{0}{O_2} \longrightarrow \overset{+4\ -2}{CO_2}$$

CがCO₂になると

　　$0 \longrightarrow +4$

と酸化数がふえているだろう。だからこれは酸化。

　O₂を見ると

　　$0 \longrightarrow -2$

とへっているから還元ということになる」
「うーん，そういう，こと，な，の」
「慣れればわかる。

　　$CuO + H_2 \longrightarrow Cu + H_2O$

について考えてごらん」
「そうね

$$\overset{+2\ -2}{CuO} + \overset{0}{H_2} \longrightarrow \overset{0}{Cu} + \overset{+1\ -2}{H_2O}$$

ということでしょう。

　　Cuは　　$+2 \longrightarrow 0$　　へったから還元

　　Hは　　　$0 \longrightarrow +1$　　ふえたから酸化

　あ，Oは$-2 \longrightarrow -2$で変化なしね」
「うまい，うまい。そのようにして判断すると，酸化・還元がわかる」
「もう少し練習させて。H₂とCl₂から2HClのできる反応を

考えてみるわよ。

$$\overset{0}{H_2} + \overset{0}{Cl_2} \longrightarrow 2\overset{+1\ -1}{HCl}$$

　　　H は 0 ⟶ +1　で酸化

　　　Cl は 0 ⟶ -1　で還元ね」

「よし，よし」

「もう一つやってみるわ。鉄の製法の

$$2\overset{+3\ -2}{Fe_2O_3} + 3\overset{0}{C} \longrightarrow 4\overset{}{Fe} + 3\overset{+4\ -2}{CO_2}$$

でしょう。

　　　鉄は　　+3 ⟶ 0　　で還元

　　　炭素は　0 ⟶ +4　　で酸化

ね」

「そう。それでよいが，一つの反応の中で酸化数の増減は等しいはず。だから

　　　鉄は　2×(+3+3) = +12 ⟶ 0

　　　炭素は　0 ⟶ 3×4 = 12

ということだな」

「うーん，なるほど」

「まあ，こんなぐあいに，酸化数というのを使うと，酸化・還元が判断しやすいといえる」

「わかりやすいかもしれないけど，酸化・還元って，そんなに重要な化学反応なの？」

VI いやな化学反応もパターンに分けてみると…

「あはは,重要ではないからわからなくてよい,といってほしい顔つきだな。では一つこんな反応を考えてみるか。

$$Zn + H_2SO_4 \longrightarrow ZnSO_4 + H_2$$

この中で酸化されたのはどれだね」

「えーと,Zn についてみると 0 → +2 でしょう。H_2 についてみると +2 → 0 でしょう。ということは,亜鉛が酸化され,水素は還元された,ということになるのかな」

「そうだよ」

「え,え? ということは,前に出た金属と酸の反応も,酸化・還元反応ということ?」

「そうなのだ」

「ということは……あの,貸そうか,まあ当てにすな,のイオン化列というのは,酸化の強さの列,ということになるの?」

「そうそう,いいところに気がついたぞ。その通りなのだ。化学反応とは,価電子,つまり原子の最外殻電子のやりとりや共有によっておこるのだろう。そして,電子のやりとりが酸化・還元だとすると,化学反応を考えるには,酸化・還元をぬきにしては考えられない,ということができるだろう」

「うーん,まいった。しかし,そうなるとばらばらに見える化学反応も,底に大きなつながりがあるといえそうね。今までよくわからないけど,なんだか化学全体が,なんとなくつかめそうな気がしてきたわ」

「それはいい,それはいい。つまり,一つ一つの化学反応

161

を，ただおぼえようとするといやになる。しかし，原子の集合離散はどんなにしておこるか，という目で考えていると，おぼえなくとも，化学全体がわかるようになる。それでいいのだよ。一つ一つの反応はそのつど本を見ればよい」
「あーあ，テストさえなければなあ，化学もおもしろくなりそうなのに」
「テストがあるために，おぼえるチャンスにもなる，といい面を考えろよ。
　それはともかくとして，今日は，たくさんの化学反応を型にわけて，底に流れるものを見てみる，ということにした。
　さあ，この次は，量的に化学を考えることにしよう」
「うーん，楽しみでもあるし，恐ろしくもあるな。じゃ，ありがとう」

Ⅶ——化学の難所 "モル峠"

1. 人口がふえて地球と同じ重さになる日?!

「大したものだな医学の力は。天然痘がこの地球上から完全になくなったのだそうだ」

夕食後，新聞に目を通していたお父さんがいいました。

「もう，ほうそうを植えなくてもよくなったのね。お前たちはいい時代に生まれたよ。お母さんたち，子どものころ，お医者さんが三角のとがったメスで腕を×印に切ってほうそう植えるの，ほんとうに恐ろしかったわ。お母さんは，ひどくうんじゃってね。ほうたいがとれなくなって，おばあちゃんが，ほうそさま，ほうそさまって，となえながら，そっとほどいてくれたこと，おぼえているわ」

お母さんは今もその跡がある，とばかり，自分の右手で左の腕をおさえて話しました。

「いろんな病気がなくなると，みんな長生きできていいわね」

マリ子さんがそういうと，弟の小学生の英二君がいいまし

た。
「でもね，姉さん，今日学校で先生がね，人間の寿命がのびたのはいいが，地球上の人口はどんどんふえて，今の勢いでふえつづけると，地球上は人ばかりになるっていったよ。なんでも2000年くらい後には，人間の重さが地球の重さくらいになる計算だって」
「人間の重さが地球の重さと同じになるなんていわれたって，ピンとこないけど，人間の数がふえるのはわかるわ。お母さんがこの家にお嫁に来たころは，このあたり，まだ田んぼがいっぱいあったのよ。お母さんは，こんなへんぴなところへ来た，と後悔したくらいよ。なのに今はどう，田んぼより家の方が多くなっているでしょう。わずか二十数年の間のことよ。英二がおじいさんになる頃は，この辺も家だらけ，人だらけになるかもしれないねえ」
「だけど，英二，人間の重さが地球の重さと同じになるなんてことは絶対にないよ」
研一君はいいはなちました。
「あら，どうしてそんなこといえるの？ 2000年後はどうか知らないけど，いつかは地球の表面人間だらけってことになる可能性はあるわよ」
マリ子さんが反論しました。研一君は，ニヤニヤ笑いながらいいました。
「お前たち，地球上の人間の数がふえて，その重さが地球の重さと同じになったとする。そしたら，その時の地球の重さ

Ⅶ　化学の難所〝モル峠〟

Ⅶ—1．人口がふえたら地球の重さが重くなる!?

は，今の2倍になると思うかな？」
「え！　あれえ？　どうなんかなあ，2倍までにはならないかしら。でもきっとずいぶん重くなることはたしかだよ，ね，姉さん」
　英二君がいいました。
「あはは，すると，地球の自転がおそくなり，公転速度も変わって，一日や一年の長さが変わるのかな。それとも，お月さまをひっぱる引力が大きくなって，お月さんが太平洋の中に，ボチャーンと落ちるのかな。あはは」
「え！　地球が重くなると，そんなことまで変わるの？」
「そうさ，引力は重さに比例するんだからな」
「いやですよ，そんな。ほんとに人口がふえると，地球は重

くなるんですか？」
「あはは，お母さん，心配無用，いくら人間がふえたって，地球の重さには関係ないのだから」
「だって兄さん，そんなのおかしいよ。50kgの人間が100人ふえれば5トン重くなるはずじゃないか」
　英二君が口をとがらせます。
「マリ子もそう思うかい。そりゃ，他の星からやって来た人間で地球の人口がふえるなら，100人ふえたら5トン地球が重くなるだろうさ。だけど，今は地球上で子どもがたくさん生まれて人口がふえることをいってるのだろう。そしたら，地球上のものを食べてふえたことではないか」
「あ，そうよね」
とマリ子さんはわかりました。しかし英二君は，
「どういうこと？」
と首をかしげています。
「英二，お前今ご飯を3ばい食べただろう。1ぱいの重さを200gとすると，600g体重がふえたということだろう」
「え？　そうかなあ，だったら，ぼくどんどん体重がふえそうなもんなのに，先月より，0.5kgしかふえてないよ」
「では，600gの重さは，どこへ行ったんだ。お前まだ食事後，トイレには行っていないだろう」
「？　……だって，噛んで，おなかの中で消化されたら……へるんじゃないのかなあ」
　英二君は自信なさそうです。

Ⅶ 化学の難所 "モル峠"

「ではね,明晩は,夕食前にヘルスメーターにのって食べる前の体重をはかっておいて,それから食べおわってはかってごらん,わかるから。

　つまりね,地球上の人口がふえるってことは,それだけ地球上のものを人間が食べて,人間の身体に変わっただけなんだ。だから,地球全体の重さには変わりないのだよ」

「あ,そうね。すると,もし地球と同じ重さの人間がふえたとしたら,その時は,地球全体を食べちゃった,ってことになるわけね」

　マリ子さんははっきりとわかりました。

「そうだよ。人間の身体の大半は水だろう。だからいくら人間がふえたって,ほぼ地球上の水の重さが限度だ。地球上には水以外に,地殻を作っている岩石がたくさんある。だから地球上に地球と同じ重さの人間ができるなんてことは,絶対にあり得ないのだ」

「その前に,飢え死にしてへるか,戦争で殺し合うか,あるいは理性的に人口の増加をコントロールするか,人間の知恵試しってことだろうな」

　お父さんが新聞から目を離していいました。

「だけど,なんとなくへんだなあ。本当に600ｇご飯食べれば体重が600ｇふえるのかなあ？」

　英二君はまだ納得できない様子です。

2．1ダースは12個，1モルは6×10^{23}個

「マリ子，化学変化がおこっても，物質の全体の質量には変化はない，というのは，なんの法則というか知っているか」
「えーと，**質量保存の法則**っていうんでしょう」
「どうしてか説明できるか」
「化学変化というのは，原子の結びつき方の変化であって，原子の総数には変化ないのでしょう。だったら原子の重さの合計に変わりはないはずよ」
「うん，英二，わかるか？　ご飯も，原子という小さい粒の集まりからできていることは知ってるだろう。ご飯の主成分はデンプンだが，その中では炭素原子6個と水素原子10個と酸素原子5個の割合で結びついている。それが消化されて，ブドウ糖になると，水が加わって炭素原子6個に対して水素原子12個，酸素原子6個が結びつく。というように，結びつき方が変わるので，見たところは変わってしまうが，原子そのものは，ふえもへりもしない。どう，わかるだろう」
「うーん，じゃあね，原子の重さって，いったい何gくらいあるの？」
「原子1個の重さは，とてもとても小さい。なにしろ，コップ1ぱいの水の中には，水の分子が1億の1億倍のまた1億倍もある。水の分子というのは，水素原子2個と酸素原子1個からできているんだけどね」

Ⅶ 化学の難所 "モル峠"

「そんなに小さい分子や原子の重さ，どうやってはかるのかしら？」

マリ子さんがいいました。すると，英二君は，あっさりといいました。

「そんなのわけないじゃないか。コップ1ぱいの水の重さをはかって，それを1億の1億倍のまた1億倍でわればいいだろう」

「英二，さえてるう」

マリ子さんは大げさなポーズです。

「よし，英二，その計算をやってごらん。コップ1ぱいの水は180gだから」

研一君はニヤニヤしながらいいました。

「よーし」

と英二君は，紙と鉛筆を持って来ました。しかし，間もなく悲鳴をあげました。

「ぼく，こんな0がいっぱいつく計算，やったことないよ。0.000…………こんないっぱい0がつくなら，もう省略してもいいよ。重さは0に等しいよ」

「あはは，重さは0に等しい水分子でも，コップ1ぱい集めたら180gになるってことだな。分子や原子とはそのように小さい。

だから，化学者たちは，一個一個の分子や原子の重さを考えず，ある数をまとめてその重さを使うことにしている。

ある数をまとめて別の単位としてあつかうことは，日常生

活の中にもあるね。例えば、ダースだ。鉛筆1ダースは12本、消しゴム1ダースは12個、というように12個を一まとめにしてあつかう。12ダースは1グロスというもう一つ上の単位もある。

半紙は20枚で1帖(じょう)、10帖で1束(そく)という。つまり200枚を1束という新しい単位としてあつかっているということだ。

化学でも、分子や原子を扱うのに、ダースや束なみに**モル**という単位を使う。ただしモルは、1ダースの12個、1束の200枚などという小さい数ではない。なにしろ英二が重さは0に等しいといったほど小さい粒の集まりなのだからな。

おどろくな

1モル = $6 × 10^{23}$ 個

= $\underbrace{600000000000000000000000}_{23個}$ 個

なのだ。

水1モルといえば水の分子が$6 × 10^{23}$個、水素1モルといえば水素分子が$6 × 10^{23}$個のこと、というように」

「わあ、いったい、そんな数をどうしてきめたのよ」

「うん、そのいきさつは今から話す。このモルがしっかりわからないと、化学はわからなくなるからな」

「わあ、私のあたまは、すぐモルので、わからなくなりそうね」

「あはは、それでは、モルことのないようにモルをしっかり教えることにするかな」

目をパチクリしている英二君をおいて，研一君とマリ子さんは勉強部屋へひきあげました。

3．原子量とは，原子の重さではない

「1ダースが12個というのは，いつどうしてきめられたか，残念ながらぼくは知らない。おそらく12進法に関係あるだろう。

　ところが，1モル＝6×10^{23}個というのは，どうしてきまったか，というと，10進法とか12進法とかの数え方とは関係なく出て来た数だ。そのいきさつをざっと話すとしよう。

　こんな実験の話から考えるとするか。学校なら実際に実験をやりながら話すのだが，ここでは，やったつもりになって考えるとしよう。

　今，からのルツボの重さを10ｇとする。それにマグネシウムの粉を小さじに1ぱい入れてはかったら11ｇあった。マグネシウムは何ｇ入れたことになる？」
「バカみたい。11ｇ－10ｇ＝1ｇでしょ」
「そう。ではルツボにふたをして，三脚にのせ，下から静かに熱する。しばらくするとマグネシウムが燃える。完全に燃えたところで，ルツボを冷やし，重さをはかる。そしたら11.66ｇあったとする。さあ

　　11.66ｇ－11ｇ＝0.66ｇ

　これは何の重さだ？」

「えーと、マグネシウムが燃えて酸化マグネシウムになったのでしょう。そしたら、それは、酸素の重さよ」

「そうだな。マグネシウム１ｇと結びついた酸素の重さだ。マグネシウムと酸素は、１：0.66の重さの割合で結びついた、ということだ。この比は、マグネシウムを２ｇにしてやっても、また日本でやっても、アメリカでやっても同じになる。このように、化合物の中の成分の重さの比は、一定なのだ」

「あ、知ってる。**定比例の法則**でしょう」

「そうだな。さあ、１ｇのマグネシウムの粉の中に、マグネシウム原子が何個あったかわからないが、そのすべての原子が酸素と結びついたということだ。もしマグネシウム原子と酸素原子が、１対１で結びついたなら、

　　マグネシウム原子の重さ：酸素原子の重さ
　　　　＝１：0.66＝12.1：8

ということになるね」

「ええ、それはそうね」

「そこで、前の原子構造の模型図（第Ⅲ―２図）を見てみよう。マグネシウムは価電子２個であるから、原子価＝＋２、酸素は価電子６個だから、6−8＝−2で、原子価は−2、従って、マグネシウム原子は、Mg＝Oというように、酸素原子と１対１で結びつくといえる。すると、この実験から求めた、マグネシウム原子と酸素原子の重さの比は、正しいということになるだろう」

Ⅶ 化学の難所 "モル峠"

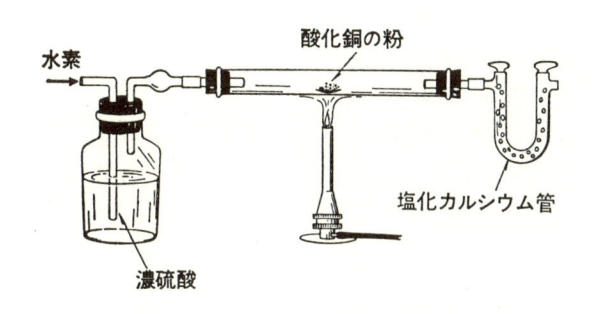

Ⅶ—2. 酸化銅と水素の反応実験

「ええ，そうね」
「そこでだ，次はこんな実験をしたと考える。(第Ⅶ—2図)
 この図のように，小さい焼き物の容器に，酸化銅の粉末を8.0ｇ入れて，耐熱ガラスの管の中に入れる。そして管の前後を図のような装置につなぐ。準備ができたら，この図の左の方から，濃硫酸の中を通して乾燥させた水素を送るようにする。管を通った水素は，あらかじめ重さをはかってある，塩化カルシウムの粒をつめたＵ字管を通して外に捨てる。
 さあ，このようにしてガラス管の下からバーナーで熱してやる。すると，酸化銅と水素が反応して水ができる。

　　酸化銅＋水素 ⟶ 銅＋水

 この水は，Ｕ字管の中の塩化カルシウムに吸収されるので，後でＵ字管の重さの増加をはかれば，できた水の重さがわかる。また，瀬戸物の容器の中の重さの減少から，水素と

173

反応した酸素の重さもわかる。

　まあこんな結果になったとしよう。

　　　酸化銅の重さ……………………………………8 g
　　　残った銅粉の重さ……………………………6.4 g
　　　水素と反応した酸素……………………………1.6 g
　　　　　　　　　　　　　　　　　　　(−)
　　　U字管の増量
　　　(できた水の重さ)……………………………1.8 g
　水になった水素の重さは

　　1.8 g − 1.6 g = 0.2 g

となる。

　この実験の結果から，この反応に関係した元素の重さの割合は

　　　銅：酸素：水素 = 6.4：1.6：0.2
　　　　　　　　　　 = 32：8：1

ということになるだろう」

「そういうことね」

「それで，前の実験の結果の

　　　マグネシウム：酸素 = 1：0.66
　　　　　　　　　　　　 = 12.1：8

と合わせて考えると，4元素の反応する割合は

　　　銅：酸素：マグネシウム：水素
　　　　　= 32：8：12.1：1

ということになるだろう」

「ええ」

VII　化学の難所〝モル峠〟

「このようにして求めた，水素の重さ1と直接間接に反応する，他の元素の量を，**当量**という。互いに相当する量という意味の言葉だ。話は少し脱線するが，ぼくはご飯を3ばい，お前は2はい食べる。従ってぼくとマリ子の当量は3：2のはず。ところがデザートのお菓子となると，平等だ。つまり1対1だ。これは不合理だね，お菓子も3：2にしようじゃないか，これから」

「わあ，ずるい，こんな時そんな話持ち出すなんて。でも……一理あるな。私少しふとりぎみだから，いいわ，これから少しわけてあげる」

「あはは，サンキュー。いってみるものだな。さて本題にもどって，元素の当量は，そのように相談で変えることができるようなものではない。いつも一定だ。でなければ定比例の法則は成りたたないからね」

「ふふふ，わかったわ，当量」

「そこでだ。前の実験の話のように，酸素の当量は8だろう。そこでもし水素原子と酸素原子が1個対1個の割合で結びつくなら，水素原子と酸素原子の重さの比も1：8ということになる。ところが，水はH_2Oだったろう。つまり水素原子2個と酸素原子1個が結びついている。だから，水素原子と酸素原子の重さの比は，1：16ということになるだろう」

「えーと，あ，そうね。水素原子1個と酸素原子半分の重さの割合が1：8ということだから」

原子量　　　　　　　　　当　量

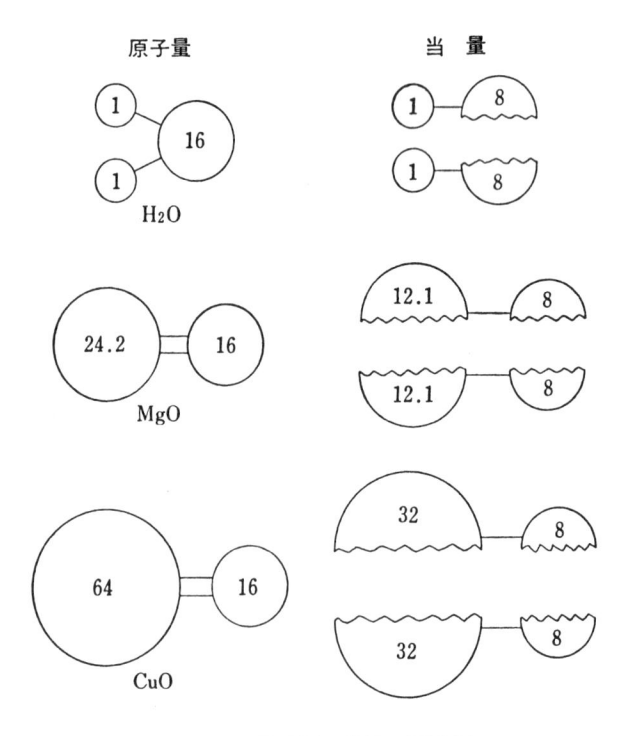

H₂O

MgO

CuO

Ⅶ-3．原子量＝当量×原子価

「そう，つまり，当量×原子価が，原子の重さの割合（比）となる。この原子の割合の重さのことを**原子量**というのだ」
「すると
　　原子量＝当量×原子価」
「うん，前の実験の話の結果の元素についていえば

元 素 名	原子量	元 素 名	原子量
水 素 H	1	カリウム K	39
炭 素 C	12	カルシウム Ca	40
窒 素 N	14	鉄 Fe	56
酸 素 O	16	銅 Cu	64
フッ素 F	19	銀 Ag	108
ナトリウム Na	23	ヨウ素 I	127
マグネシウム Mg	24	バリウム Ba	137
アルミニウム Al	27	水 銀 Hg	201
イオウ S	32	鉛 Pb	207
塩 素 Cl	36	ウラン U	238

Ⅶ—4．計算練習用原子量表

　銅：酸素：マグネシウム：水素
　　＝64：16：24.2：1
これが原子量ということになる」
「原子量というのは，そうすると，原子の重さには関係あるけど，原子の重さそのものではないわけね」

「そう,比較の重さだ。その比較の基準として,今水素原子を1として考えた。しかしくわしく調べてみた結果,今では炭素原子を基準として,炭素原子を12とした時の他の原子の比較の重さを,原子量としている。これが原子量表として本に出ている。しかし,お前が化学の勉強をする時に使う原子量としては,どちらでもほとんど同じだ。水素の原子量が1となるか1.00797となるかのちがいで,計算練習には1としていい。では練習用の原子量表を書くか」(第Ⅶ―4表)

「そうね,なるべく計算は簡単がいいわ」

「さあ,原子量がきまると,それと同じ考えで,分子量というのが考えられるだろう。つまり,水素分子は,H_2だから,分子量は2だろう」

「ああ,2原子だからね」

「水の分子量はH_2Oだから

$2 \times 1 + 16 = 18$

となるだろう」

「合計すればいいわけね」

「そう,二酸化炭素の分子量はいくらか出してごらん」

「二酸化炭素はCO_2でしょう,原子量は

C = 12　O = 16だから

$12 + 2 \times 16 = 44$

ね」

「練習のために,硫酸(H_2SO_4)と炭酸水素カルシウム(Ca(HCO_3)$_2$)とミョウバン($KAl(SO_4)_2 \cdot 12H_2O$)の分子量を

Ⅶ 化学の難所〝モル峠〟

出してごらん」

次はマリ子さんの計算です。

1. 硫酸の分子量

$$
\begin{array}{r}
2H \cdots\cdots\cdots\cdots\cdots 2 \\
S \cdots\cdots\cdots\cdots\cdots 32 \\
+)\ 4O \cdots\cdots\cdots 4\times16=64 \\
\hline
H_2SO_4 \cdots\cdots\cdots\cdots 98
\end{array}
$$

2. 炭酸水素カルシウムの分子量

$$
\begin{array}{r}
Ca \cdots\cdots\cdots\cdots 40 \\
2H \cdots\cdots\cdots\cdots 2 \\
2C \cdots\cdots\cdots\cdots 24 \\
+)\ 6O \cdots\cdots\cdots 6\times16=96 \\
\hline
Ca(HCO_3)_2 \cdots\cdots\cdots 162
\end{array}
$$

3. ミョウバンの分子量

$$
\begin{array}{r}
K \cdots\cdots\cdots\cdots 39 \\
Al \cdots\cdots\cdots\cdots 27 \\
2S \cdots\cdots\cdots 2\times32=\ 64 \\
8O \cdots\cdots\cdots 8\times16=128 \\
+)\ 12\times H_2O \cdots\cdots 12\times18=216 \\
\hline
KAl(SO_4)_2\cdot 12H_2O \cdots\cdots\cdots 474
\end{array}
$$

「よろしい。いろいろな式があるが、要するに、中にふくまれている原子のすべてについて、原子量を出し、その合計を出せばいいことだな」

4．いよいよ"モル峠"にさしかかる

「さあいいか，このようにして出した原子量，分子量は，単位のついていない数で，実際の実験や工場などで重さをはかることとは結びつかない。そこで，実用的重さの単位の，gとかkgと結びつくことを考えねばならん。

　よく聞くんだぞ，それこそ，モルことのないようにな。

　第Ⅶ—5表を見ながら聞いてくれ。今，水素原子，水素分子，水分子，二酸化炭素分子の4種類の粒を代表としてあげてみた。原子量，分子量は，それぞれ1，2，18，44というのはもうわかるな。これは1個の原子・分子の重さの割合だ。10個の重さの割合もこれと同じだが，今説明上，10×1，10×2，10×18，10×44というように考えてみよう。同様に，100個の重さの比は

　　100×1，100×2，100×18，100×44

だろう。

　これらを一般式にして，N個の原子・分子の比を出すと，

　　$N \times 1$，$N \times 2$，$N \times 18$，$N \times 44$

となるね。さあ，このNの数がどんどん大きくなって，ついに，$N \times 1 = 1g$，$N \times 2 = 2g$，$N \times 18 = 18g$，$N \times 44 = 44g$に達する時が来るはずだろう」

「うーん」

「この時のNを調べてみると，6×10^{23}個というわけだ」

Ⅶ 化学の難所 "モル峠"

	水素原子	水素分子	水 分 子	二酸化炭素 分 子
化 学 式	H	H_2	H_2O	CO_2
原子量・分子量 （1個の重さの比）	1	2	18	44
10個の重さの比	10×1	10×2	10×18	10×44
100個の重さの比	100×1	100×2	100×18	100×44
N個の重さの比	N×1	N×2	N×18	N×44
6×10^{23}個の重さ （1モル）	1g	2g	18g	44g

Ⅶ—5. 分子（または原子）1個当たりの重さとモルの関係

「どうして数えるのよ」

「うん，その方法は今はおく。脱線混乱しないようにな。どうして1ダースが12個ときまったかは知らないまま，1ダースは12個と使っているように，1モルは6×10^{23}個として使っていくことにしよう。

同じ1ダースでも，鉛筆とボールペンでは重さがちがうように，1モルの重さも，水では18g，水素では2g，とちがう」

「なぜ水素は1gでないのよ」

「ふつうある水素は分子状のものの集まりだろう。だから6×10^{23}個の分子の重さだから2gなのさ。もし原子状の水素を考える必要のあるときは1gを考える。この分子状の時と

原子状の時を区別するために，分子状の時の1モルを**1グラム分子**，原子状の1モルを**1グラム原子**とわけることがある」

「うーん，こんがらがりそう」

「いいかい，別のいい方をすると，原子量・分子量にgをつけただけの量が，その物質の1モルなんだよ。そしてそれだけの物質の中には，原子なり分子が$6×10^{23}$個ある。

$$1 モル = (原子量または分子量) g = 6×10^{23}個の重さ$$

$$1個の原子または分子の重さ = \frac{1 モル}{6×10^{23}}$$

という関係さ」

「うーん，なぜこんな考え方が必要なんかなあ？」

「うん。お前たちがフォークダンスをやるとする。ダンスは男と女が1対1でおどるのが基本だろうから，男と女が同数ずつあれば，過不足なくできると考えるだろう。

学校の運動会で騎馬戦をやるとする。騎馬戦は馬が3人と乗る人が1人の4人一組だ。だから，4の倍数だけの人数があればちょうどよいことだろう。

このような時，人間の人数を数えるのは簡単だから，すぐ数えて組み合わせが考えられる。

お正月など，有名な神社では，たくさんのおさい銭が集まる。あれを計算するのに，まず貨幣と紙幣にわけ，貨幣は大きさによってふるいわける。そして一定数の貨幣のはいる穴のあいた板のようなものですくって1回に100個というよう

VII 化学の難所 "モル峠"

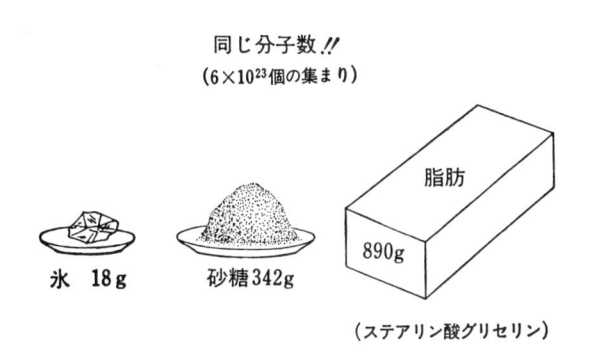

同じ分子数 !!
(6×10²³個の集まり)

氷 18g　　砂糖342g　　脂肪 890g
（ステアリン酸グリセリン）

VII—6. どれも同じ分子数

に数える。

　昔は，1貫文というように重さではかった名がついている。今でも重さで数えることがある。例えば100円玉は1個5gある。すると，5kgで1000個になる。1000人の子どもに100円ずつ小遣いをやろうとすれば5kgの100円玉を用意すればよい。200円ずつなら10kgだ。

　化学反応もね，分子と分子の衝突によっておこるのだから，反応する分子の数の比は，簡単な整数比になるのがふつうだ。だからその整数比で反応物質を混ぜてやればよい。しかし，分子は小さいので，数えて混ぜるわけにはいかない。そこで，今いった子どもに小遣いをわけるように，個数に関係ある重さではかって混ぜればよい。

つまりモル単位で物質をとれば、個数を考えて、とったことになる、というわけだ。

例えば水素と酸素を混ぜて点火し、水を作るとする。この時、水素2分子と酸素1分子が反応するわけだから、

水素2モル＝4g

酸素1モル＝32g

つまり、4：32の重さの割合で混ぜれば、過不足なく反応するわけだ。それをもし、

水素　2g　　酸素　1g

と重さで2：1に混ぜたら、水素が余ってしまう」

「あ、なるほど、モルとは個数を合わせるために重さで考える単位なのね」

「そういうこと、そういうこと」

「では、工場なんかで原料をはかる時に役に立つわけね」

「それもそうだが、化学の研究には、いつも考えなくてはならんことだ。

例えば、炭素と水素の化合物はたくさんある。今、ある炭素と水素の化合物があって、その分析をしたら、炭素75％と水素25％からできていた（重量）。これを原子の個数の比にするために、75gを炭素の1モルの12gでわる。

$$\frac{75g}{12g} = 6.25$$

水素の25gを水素の1モル（1グラム原子）の1gでわる。

VII 化学の難所 "モル峠"

$$\frac{25\text{ g}}{1\text{ g}} = 25$$

この6.25と25は,原子の個数に比例した数だ。だから整数比にすると,

　　6.25 : 25 = 1 : 4

つまりこの化合物は,炭素原子1個に対し,水素原子4個が化合している,CH_4という物質だ,ということがわかる」

「あ,そうか,gで表わした量を,個数に換算するにはどうしても必要な考えってわけね」

「そう。われわれは,原子や分子の個数を数えることはむつかしい。けれど重さならはかれる。しかし化学反応を考えるにはどうしても分子や原子の個数が必要,この両者を結びつける役が,**モル**なのだ」

「うーん,やっぱりモルは頭からモルことを許してはいかんというわけね」

Ⅷ──何のための難所越え

1．1ぱいのコーヒーから

　プーンとよい香りを先だたせながら，マリ子さんがコーヒーカップを二つ持って研一君の部屋にはいって来ました。
「どう，お兄さん，たまにはサービスするわよ」
「おお，これはありがたい。ちょうど飲みたいなと思ってたところだ」
　研一君はカップを受けとると，すぐ口に持っていきましたが，
「おい，これは甘すぎる。砂糖を入れすぎだぞ」
といいました。
「あら，だって角砂糖ですもの，一つでは甘くないから二つ入れたのよ。私にはこれくらいの方がいいわ」
「よし，では今夜は，この砂糖の甘さから勉強するとしよう。台所へ行ってメスカップで，このコーヒーカップへ入れた水は何 cc かはかっておいで。それから，来る時に角砂糖を1個持って来る」

VIII 何のための難所越え

「はーい」
　マリ子さんは飲みかけのカップを持って出て行きました。研一君は本棚から本を2〜3冊引き出すと,調べ出しました。やがてマリ子さんがもどって来ました。
「120ccよ,8分目で」
　そして角砂糖のはいったポットをさし出しました。
「うん」
といって研一君は,角砂糖を1個取り出し,ゴムリングをかけると,バネばかりにつるしました。
「角砂糖は6gある。さあ,問題だぞ。
　問題1.水120ccに角砂糖2個,つまり12gを溶かした溶液は何%の砂糖水か」
「えーと,水120ccは120gでしょう。その中にちょうど12gだから10%よ」
「残念でした。%濃度というのは,溶液100g中に溶質が何gあるか,というのだぞ」
「あそうか,溶液というと,両方混じった重さのはずね。では

$$\frac{12}{12+120} \times 100 = 9.09\%$$

これならいいでしょう」
「そういうこと。ところでな,今マリ子が台所へ行っている間に調べたのだが,人間が甘いと感ずることのできる,一番うすい砂糖水は,人により多少の差はあるが,0.02モル溶液くらいだという」

「モル溶液?」

「うん,これを説明せんといかんな。溶液の濃度を表わすのに,ふつう%濃度を使う。これは今計算したように,溶液100g中に溶質が何g溶けているか,で表わす。ところが,化学では,**モル濃度**というのをよく使う。これは溶液1ℓの中に何モル溶けているか,で表わす。今甘さを感ずる限度が0.02モル溶液というと,溶液の1ℓの中に0.02モルの砂糖が溶けている,ということだ」

「といわれても,ピンと来ないわ」

「そうだな,では0.02モル溶液を%濃度に換算してみるか。順を追って考えよう。

　問題2.　砂糖1モルは何gか。砂糖0.02モルは何gか。また砂糖12gは何モルか。ただし砂糖の分子式は$C_{12}H_{22}O_{11}$である」

「まず1モルを出すわね。

$$
\begin{array}{r}
12C \cdots\cdots\cdots\cdots 12\times12 = 144 \\
22H \cdots\cdots\cdots\cdots 22\times\ 1 = \ 22 \\
+)\ 11O \cdots\cdots\cdots\cdots 11\times16 = 176 \\
\hline
C_{12}H_{22}O_{11} \cdots\cdots\cdots\cdots\cdots\cdots = 342
\end{array}
$$

だから,1モルは,342gでしょう」

「うん,うん」

「すると,0.02モルは

　　342g×0.02 = 6.84g

　それから12gは

VIII 何のための難所越え

$$\frac{12\,\mathrm{g}}{342\,\mathrm{g}} = 0.035 モル$$

これでいいでしょう」

「よかろう。では次に行くぞ。

問題3．水120ccに砂糖12gを溶かした溶液は何モル溶液か」

「えーと，120ccの中に12g，つまり0.035モル溶けているのだから，1ℓつまり1000cc中には

$$\frac{0.035}{120} \times 1000 = 0.292 モル/ℓ$$

ということ？」

「またまた残念でした。それでは水1000ccに0.292モル溶けていることであって，溶液1ℓに溶けている値ではない」

「うーん，そうかあ……けど，水120ccと砂糖12gでは合わせて，132ccなんてわけにはいかないわねえ？」

「あはは，いかにも，132ccではない。モル濃度は1ℓ中の体積の中に，という考え。％濃度は100gという重さの中の割合」

「というと，砂糖水1ℓは何gかがわからないとだめね」

「いかにも。水120gに砂糖12gを溶かしてメスシリンダーの中に入れて体積を測定すればわかるわけだが，比重がわかれば計算できることだろう。

$$比重 = \frac{重さ}{体積}$$

という関係にある」

といいながら、研一君は机の上の「化学データブック」という本をひろげました。

「さあ、これを見ると、いろいろな溶液の濃度と比重が表になっている。えーと、砂糖は……ここだ。10％の時の比重が1.038とある。今問題にしている砂糖水は9.09％だったな。これより少し比重が小さいとして、1.035という値を使ってみよう」

「えーと、この砂糖水の重さは、132ｇだから、132ｇを1.035でわれば体積が出るはずね。

$$\frac{132}{1.035} = 127.5 \text{cc}$$

でいいでしょう」

「そうだな、127.5ccの溶液の中に、0.035モルの砂糖が溶けているのだから」

「あ、こんどはまちがわないわ。

$$\frac{0.035}{127.5} \times 1000 = 0.274 モル/\ell$$

ということでしょう」

「よし、よし、それで比較ができる。つまり、やっと甘いとわかる濃さが0.02モルというのだから、このコーヒーの甘さはそのざっと10倍、くわしくは

$$\frac{0.274}{0.02} = 13.7 倍$$

甘い、というわけだ。ではついでに、こんなことを考えてみるか。

　問題４．この砂糖水の中の水分子と砂糖分子の数の割合を求めよ」

「分子の数の割合……あ、なんだ、モル数の比を出せば分子数の比だったわね。

　水が120ｇだから水の分子量でわると

$$\frac{120}{18} = 6.67 モル$$

砂糖12ｇの分子量はさっき出したわね、えーと342だから

$$\frac{12}{342} = 0.035 モル$$

だから分子数の比は

　6.67：0.035＝190.6：1

ってことね」

「うーん、水分子191個の中に砂糖が１分子あることか。やっと甘さのわかるのは、その13.7倍うすいことだから

　190.6×13.7＝2611.22

2600粒の水分子の中に砂糖分子が１粒あれば甘いとわかることか」

「2600人生徒のいる学校というと、かなり大きい学校ね、その中に１人変わり者がいてもわかるくらいね」

「そういえば思い出したよ。ぼくらの高校の時の先生がこんな話をしてくれたよ。その先生が高校生のころ、初めて共学

になったんだって。ところが男子校だったので，初めての年には，たった14人しか女の子がはいって来なかったそうだ。しかし，たった14人の女の子のために，学校のムードがガラッとかわってしまっておどろいた，という。その学校の生徒数は知らないが，まあ1000人くらいの中に女子が14人くらい。この砂糖水の中の砂糖分子の割合より少し多いということだ。かなり甘くなったわけだなあ」

「いやーね，少しだからかえって甘かったんじゃない。私の学校など半々だから，もう甘いなんてムードじゃないもの」

「あはは，砂糖水と共学は同じには考えられんというわけだな。

ま，化学の話にもどろう。とにかく，モル濃度という意味はわかったね」

「ええ。だけど，なぜ，％濃度とモル濃度と，一方は100 g中，一方は1 ℓ中と，重さと容積と別々に使うの？ めんどうじゃないの」

「おぼえるということからみれば，1種類の方がよいように思うだろう。だけど，理論的に考えたり，実験をする上からは，別にあった方がつごうのよいことが多いのだ。考えてごらん，溶液を10 g正確にとることは，天びんを使ってやるわけだが，とても手間がかかる。ところが10ccとることは，ピペットで簡単にできる。

どんな種類の溶液でも，同じモル濃度なら，10ccとればその中の分子の数は同じ，ということで，つごうよいだろう。

つまり，使う場所によって％濃度が便利な時と，モル濃度が便利な時とあると思えばよい。

さあ，計算問題のついでに，もう少し，量の関係を考えよう」

2．おなかに入った砂糖の行く末

「マリ子がさきほど飲んだ12ｇの砂糖の行方を追うことにしよう。おなかの中にはいって消化されるね。インベルターゼという酵素の働きで，まずブドウ糖と果糖に加水分解される。反応式を書くと

　　$C_{12}H_{22}O_{11} + H_2O \longrightarrow C_6H_{12}O_6 + C_6H_{12}O_6$

　　砂糖　　　　　　　　ブドウ糖　果糖」

「ブドウ糖も果糖も同じ$C_6H_{12}O_6$なの？」

「ああ，中の原子の結びつき方が少しちがうので，ちがう物質だが，原子の数は同じだから，分子式にすると同じなのだ。こういう物質を互いに**異性体**という。有機（炭素を含む）の化合物では，成分元素の種類が少ないのに化合物数がとても多い。だから異性体がたくさんある。$C_6H_{12}O_6$も，まだこの二つだけではなくいくつもある。さて，問題だ。

　問題５．12ｇの砂糖からブドウ糖と果糖は何ｇずつできるか

このような計算問題を考えるために，化学式の表わす意味を少し拡大してみよう。

$C_{12}H_{22}O_{11}$と書いたら，まず

　1．砂糖であることを表わす

のだったな。次に

　2．砂糖分子1個を表わす

のだったな。それにつれて，1分子中の成分元素の割合もわかる。さて，そこでもう一段つけ加えて，

　3．1モルの砂糖を表わす

ことにする。

さあ，そうすると，反応式も

$$C_{12}H_{22}O_{11} + H_2O \longrightarrow C_6H_{12}O_6 + C_6H_{12}O_6$$

は，砂糖1分子に水1分子が加わって，ブドウ糖1分子と果糖1分子ができる，ということを表わすと同時に，砂糖1モルと水1モルから，ブドウ糖1モルと果糖1モルができることを表わす，といってよいだろう。

砂糖の1モルは342gだったね。ブドウ糖1モルを求めてごらん」

「はい

```
      6C………… 6×12＝ 72
     12H………… 12× 1＝ 12
  ＋） 6O………… 6×16＝ 96
     ─────────────────
     C₆H₁₂O₆        ＝180
```

ブドウ糖，果糖の1モルは180g，です」

「そうだ。すると

　砂糖　342gから……ブドウ糖　180g

この割合で，砂糖 12 g ………… ブドウ糖 x g

$$342\,g : 12\,g = 180\,g : x\,g$$

$$x = \frac{12 \times 180}{342} = 6.3158\,g$$

ということになる」

「比例計算ね」

「そう，化学の計算には比例計算が多い。今の計算を少し形式化しようか。

まず反応式を正確にかく。そして関係する化合物の分子量（1モル）を出して式の下に書く。そして，問題に与えられた数と x を式の上に書く

```
    12 g                 x g
 C₁₂H₂₂O₁₁ + H₂O ⟶ C₆H₁₂O₆ + C₆H₁₂O₆
    342 g                180 g
```

そのまま分数式にするのだ。

$$\frac{12}{342} = \frac{x}{180}$$

これを計算すればよい」

「うーん，わかった，わかった」

「モルを使ってもう少し別の考え方もできる。この反応式は

砂糖1モル＋水1モル ⟶ ブドウ糖1モル＋果糖1モル

ということだから，砂糖 $\frac{12}{342}$ モルからはブドウ糖や果糖も，$\frac{12}{342}$ モルできるわけだ。そしてブドウ糖1モル＝180 g だ

から $\frac{12}{342}$ モルでは

$$\frac{12}{342} \times 180 \text{ g} = 6.3158 \text{ g}$$

となる」

「あ、この方がスマートね」

「そう思ったら、この方法を使えばよい。では先に進むよ。

ブドウ糖や果糖は、吸収されて血液中をまわり、例えば今マリ子がおしゃべりする口のまわりの筋肉に行って、そこで燃えて熱を出す。身体の中では、点火した時のように、いきなり CO_2 と H_2O にはならないが、何段階かの変化で結局は CO_2 と H_2O になる。反応式にすると……」

「あ、私考える

$$C_6H_{12}O_6 + O_2 \longrightarrow CO_2 + H_2O$$

とおいて、$C_6H_{12}O_6$ の中にはCが6個あるから、できる CO_2 は6分子でしょう。Hは12個あるから、できる H_2O は $6H_2O$ でしょう。

$$C_6H_{12}O_6 + O_2 \longrightarrow 6CO_2 + 6H_2O$$

ここでOだけど $6CO_2$ 中に12個、$6H_2O$ の中に6個、計18個でしょう。そして $C_6H_{12}O_6$ の中に6個あるから、さし引き12個必要だから $6O_2$ でいいのね。

$$C_6H_{12}O_6 + 6O_2 \longrightarrow 6CO_2 + 6H_2O$$

これでよし、ね」

「よろしい。では問題。

問題6　砂糖12gを食べたら、最終的に、二酸化炭素は何

gできるか」

「いいわ,できそう。砂糖12gからできるブドウ糖の量は,この前の問題で,6.3158gとわかったわね。果糖も同じ量だけできる,だから,両方で,2×6.3158gから二酸化炭素がいくらできるか,を出せばいいのでしょう。

$$2\times 6.3158\text{ g} \qquad x$$
$$C_6H_{12}O_6 + 6O_2 \longrightarrow 6CO_2 + 6H_2O$$
$$180\text{ g} \qquad 6\times 44\text{ g}$$

$$\frac{2\times 6.3158}{180} = \frac{x}{6\times 44}$$

$$x = \frac{2\times 6.3158\times 6\times 44}{180} = 18.5263\text{ g}$$

でいいでしょう?」

「うん。さっき,スマートだといった方法ではどうかね」

「あ,そうか。ブドウ糖の6.3158gというのは$\frac{12}{342}$モルだったわね。反応式から,ブドウ糖1モルからCO_2は6モルできるから

$$\frac{12}{342}\text{モルから}\frac{12}{342}\times 6\text{モル}$$

果糖からも同じだけでるから$\frac{12}{342}\times 6\times 2$モル,二酸化炭素1モル=44gだから

$$\frac{12}{342}\times 6\times 2\times 44 = 18.5263\text{ g}$$

ああよかった。同じになった」

「あはは,わかったようだな。では,砂糖から離れて,別の練習問題をやるか。

　問題7　酸素10gを作るには,塩素酸カリウム何gを二酸化マンガンと熱すればよいか」

「あ,こんどはxが左辺に来るわけね。よーし,塩素酸カリウムの分解は

　　$2KClO_3 \longrightarrow 2KCl + 3O_2$

でしょう。

　　　塩素酸カリウム $\longrightarrow$ 酸素
　　　　　2モル $\longrightarrow$ 3モル
　　　　　$\frac{2}{3}$モル $\longrightarrow$ 1モル

でしょう。酸素の1モルは32gだから,10gは$\frac{10}{32}$モルと。だから

　　$\frac{2}{3} \times \frac{10}{32}$ モル $\longrightarrow \frac{10}{32}$ モル

そこで$KClO_3$の1モルを出す,と

　　　　K……………………39
　　　　Cl……………………36
　　＋）3O……………3×16＝ 48
　　　　$KClO_3$　　　　　＝123 g

だから $\frac{2}{3} \times \frac{10}{32}$ モルは

198

$$\frac{2}{3} \times \frac{10}{32} \times 123 = 25.625 \text{ g}$$

どう,これで」

「うん,よし,よし」

「えへん!」

「ではもう1題。

問題8. 3％の過酸化水素水200gを分解したら何gの酸素が発生するか」

「うーん,3％? 3％ね……97％は水ってことでしょう。あ,そうか,過酸化水素は200gの中に6gあるってことね。だから,6gの過酸化水素から,酸素が何g出るか,という問題のことね。

反応式は

$$2H_2O_2 \longrightarrow 2H_2O + O_2$$

2モル ⟶ 1モル

1モル ⟶ $\frac{1}{2}$ モル

過酸化水素1モルは34gだから6gは $\frac{6}{34}$ モルでしょう。

$\frac{6}{34}$ モル ⟶ $\frac{6}{2\times34}$ モル

でしょう。酸素の1モルは32gだから

$$\frac{6}{2\times34} \times 32 = 2.8235 \text{ g}$$

ということね」

「うーん,うまくなった」

「学校で，先生は実験の時このような計算をしては薬品を準備するのかしら。だけど酸素を集めるのは集気びんでしょう。集気びんなら1本で容積500ccだから，500ccの酸素を作るには，という計算をしなくてはだめでしょう」
「そうなのだ。気体を考える時には，重さより体積の方が便利だ。では，気体の体積を考えるとしよう。そのためには，気体，液体，固体のちがいを勉強せねばならん。
　これはまた明日だな」
「こんどはコーヒーの代わりに何を持って来ればいいの？」
「そうだな，ゴム風船でも持って来るか」
「いいわ」
　マリ子さんは本気にしたようです。

IX——風船はなぜふくらんだか

1. 気体になると分子はふくらむのか？

次の日，マリ子さんは，
「お兄さん，ゴム風船，いくつあったらいいの？」
といって一にぎりのゴム風船をさし出しました。
「なんだ，ほんとにゴム風船を持って来たのか。うーん，よし，ではそれを使うことを考えよう。少し待ってろ」

研一君はそういうと，ぶらりと外に出て行きました。なかなかもどりません。1時間たってももどりません。
「いやなお兄さん，すっぽかして」

マリ子さんは，ほっぺたを風船のようにふくらませて自分の部屋にもどってしまいました。さらに30分ほどして，やっともどったようです。マリ子さんはわざとだまっていると，
「おーいマリ子，早く来いよ」
と呼んでいます。行ってみると，研一君は，ポットの中から白いかたまりをピンセットでつまみ出して，バネばかりにつるしてはかっています。

「なによ，それ？」
「ドライアイスだ。今わざわざ，ある商売をしている友人の所まで行ってもらって来たのだぞ。お前の勉強のために」
「それはどうも。で，これなにするの」
「いいから，このかたまりを早くゴム風船の中におしこむのだ。そしておさえて空気を出してしまって，口をゴムバンドでしっかりしばるのだ」

マリ子さんがゴム風船の口を手で広げると，研一君はピンセットで細かくしたドライアイスをその中におしこみます。そしてゴムバンドでしばります。

マリ子さんが用意した1ダースのゴム風船に，みんなつめ終わったころは，もう初めの方のはかなりふくらんでいます。
「よし，ではお前，庭の物置きに行って，段ボールのミカン箱があったから持っておいで」

マリ子さんは，何がなんだかわからないけれど，いわれた通りに箱を持って来ました。研一君は，ゴム風船を日の当たる所に出して暖めています。風船はどんどんふくらみます。しばらくして，どの風船もパンパンになりました。研一君は，それをミカン箱にならべて入れました。
「おう，うまくいった，大体予想通りだ」

12個のふくらんだ風船は，6個ずつ2段に，大体ミカン箱にいっぱいにはいりました。
「さて，では計算を始めようぞ。マリ子，まず，このミカン箱の容積を出してくれ」

IX 風船はなぜふくらんだか

といって、研一君は巻き尺をわたしました。マリ子さんは箱をはかりました。タテ32cm、ヨコ40cm、高さ30cmです。

$$32 \times 40 \times 30 = 38400 \text{cm}^3$$

「38400cm³、これでいいの」

「うん、ざっと38ℓだな。

では次、ドライアイスの体積だ。はかった時は7gあったが、つめてる間に逃げたから6.5gとしよう。えーと、ドライアイスの密度は……と（表を見ながら）1.565g/ccだ」

「すると、6.5gの体積は

$$\frac{6.5}{1.565} = 4.15 \text{cc}$$

ね」

「それが12個分だから

$$4.15 \times 12 = 49.8 \text{cc} \fallingdotseq 50 \text{cc}$$

か。では、ミカン箱の容積を50ccでわってみてくれ」

「 $$\frac{38400}{50} = 768$$

768倍よ」

「うん、ドライアイスが気体になると、ざっと768倍にふくらんだ、ということだな」

「あら、だって、風船と風船の間には、すき間があるわよ」

「その代わり、ゴム風船の中はゴムの弾力で外より圧力が高い。まあ、ざっと770倍と見ていいだろう。さあ、このふくらむということを考えたいのだ。指先ほどのドライアイスが

ドライアイス → 分子がふくらんだ　二酸化炭素

ドライアイス → 縄ばりができた

ドライアイス → こまめにとびまわるようになった

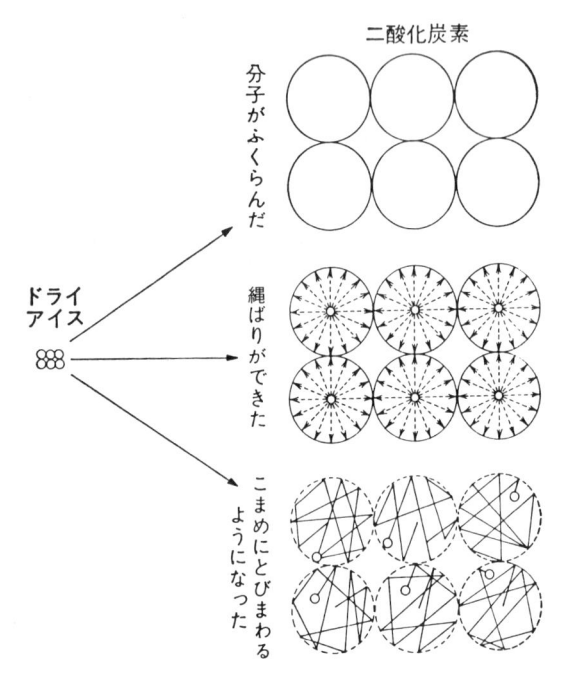

Ⅸ—1．ドライアイスがふくらんだ理由は？

赤ん坊の頭くらいにふくらんだ。他になにも入れないのだから，責任者は二酸化炭素だけだ。お前も知っているだろうが，ドライアイスは二酸化炭素の固体だ。それがあたたまって気体になったわけだ。そして体積が，ざっと770倍にふくらんだということだ。

Ⅸ　風船はなぜふくらんだか

　さて，その原因だ。この中にある二酸化炭素の分子がふえたわけではないから，体積の増加を考えるには三つの場合があるだろう。

(1)　分子自身がふくらんだ。
(2)　分子が他の分子をよせつけない縄ばりを作った。
(3)　分子が活発にとびまわるようになって，活動の場がひろがった。

　大きな顔をする，という言葉があるが，いわば(1)は大きな顔になったこと。(2)は，にらみがきくようになった。つまり他の分子が怖がって近よらないので，縄ばりができた。とすると，(3)は，こまめに自分の領地を歩きまわって，他国からの侵入をふせぐ殿様とでもいうところだ。

　さて，マリ子は，ドライアイスの場合，どれだと思う」
「うふふ，大きな顔をするっていうけど，温度があがって分子が膨張したからって，770倍にもふくらむとは考えられないわ。だから(1)ではないと思うわ。

　(2)はにらみをきかす，っていうけど，分子が他の分子をよせつけない力が出る，なんてことあるかしら？

　(3)の，活発に動くようになることは考えられるでしょう。暖かくなって熱エネルギーをもらうのだから。ただ，分子は互いに間にはいりこみそうだから，これだけだともいい切れない。でも，前の方で，分子はとても速くとんでいるって話があったでしょう。だから，まあ(3)が一番有力ね」
「なるほど。実は，分子や原子がある，と考え出した200年

ほど昔の学者は,大体(2)のように考えた。(1)とは思えない,それで,磁気や電気のように,他の分子をよせつけないある力が出て,縄ばりを作るのだろうか,と考えたらしい。しかし今では,互いに反ぱつする磁気や電気の力も全然ないではないが,とてもこんなに大きな縄ばりを作ることはできないとわかり,(3)が正しい,ということになっている」

2．宇宙空間にある物質は，固体なのか気体なのか？

「縄ばりを守るアユのように,こまめに動きまわって,となりの分子をはねかえしているってわけね」
「まあ,たとえていうならそういうこと。ところで,最初のころ,宇宙空間にも OH とか CH などという分子があるっていったね」
「ええ」
「これらの物質は,固体だろうか,液体だろうか,気体だろうか？」
「う!? ……他の原子や分子に出会わなくて孤独の旅をつづけているのだったわね。すると,一つの粒でしょう……すると,固体かなあ……でも空間をさまよっている,というと,となりの分子との間が,うーんと開いた気体かしら？ 液体ではなさそうね」
「あはは,粒というと,豆粒とかケシ粒とか,とにかく固体

Ⅸ 風船はなぜふくらんだか

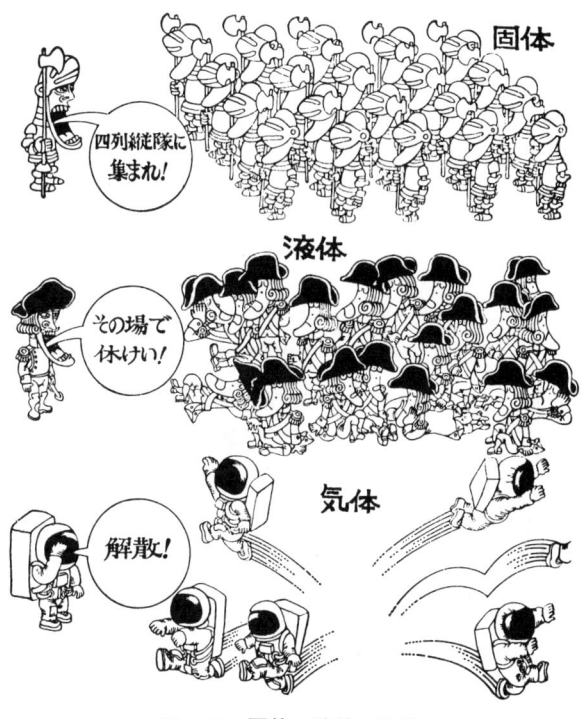

Ⅸ—2．固体，液体，気体

の小さいかたまりを想像するのだな。しかし，顕微鏡でやっと見えるくらい小さい粒だって，その中に原子は何億てはいっているのだぞ。つまりね，固体とか液体とか気体というのは，1個の原子や分子についていえることではないのだ。

お前たちが学校で，体育の時間の始まりの時のように，2

列横隊とか4列縦隊とかにピチッとならんでいる時もあれば、ただ集まってガヤガヤとだべっている時もある。そうかと思うとグラウンドいっぱいにひろがって遊びまわっている時もあるだろう。生徒ひとりひとりについては変わりはない。その集まり方にちがいがあるだけ。物質についても同様に、原子や分子そのものに変化があるわけではなく、集合状態のちがいを表わすために、固体とか液体とか気体、という言葉を使うわけだ。

　さしずめ、ピチッとならんでいるのが固体、ガヤガヤ集合が液体、とびまわっている状態が気体と思えばよい」
「ではね、体育の場合、その集合状態をきめるのは、先生の号令でしょう。私たちは号令に従って、ならんだり、自由に遊びまわったりするのだから。でも原子や分子の場合、号令する人はないでしょう。すると何がその集合状態をきめるのよ？」
「うん、それはよい所に気がついた。たしかに原子や分子には、号令をかける人はいないね。そうだな、ネコの子が5匹いるとするか。夜は、ひとかたまりになって寝る。ことに寒い時は、頭を突っこみっこしたりして、よじくり合っている。少し暖かくなると、それほどかたまらず、足をのばしたり、身体を長くしたりする。もっと暖かい部屋の中では、じゃれ合って、部屋いっぱいに遊びまわる。さあ、この場合、子ネコは、寄り集まろうとする方向と、自由に遊びまわろうとする方向の、二つの反対方向の傾向があって、自由に動き

IX 風船はなぜふくらんだか

まわろうとする方向は,気温が高くなることによってはげしくなるといえるだろう。

　原子や分子の場合にも,この集まる方向と散らばる方向の反対方向の二つの傾向があると思えばよい。子ネコの場合,集まる方向の力は,仲間意識やひとりになる不安や,保温効果などだろう。原子や分子の場合には,互いの間の引力ということになる」

「引力というと,万有引力?」

「うん,質量のあるものは万有引力によって引き合う。原子や分子も,軽いとはいえ質量がある。だから万有引力もないことはない。しかし分子間の引力には,もう少しちがった力がいる。初めの頃話したように,原子は,+の電気を持った核と,-の電気を持って核のまわりをまわっている電子からできていたね。だから,化合物になっても,+の部分と-の部分があるわけだ。この一つの分子の+と他の分子の-が電気的に引き合うこともある。

　とにかく,けっきょく,分子間には互いに引き合う力があって,それを**ファンデルワールスの力**という。それに対して,分子を運動させるのは,熱エネルギーだ。

　ところでね,ファンデルワールスの力の方は,その分子に固有のもので,温度には関係ない。そこで温度の低い時は,運動する力より引き合う力の方が大きいので,分子はギッシリ規則正しく並んで,位置もほとんど変わらない。だから全体として形があり,一定体積を保つ。これが固体だ。少し温

度があがって，動き出すと，固定されなくなる。分子と分子がズレることができる。しかしまだ引力を断ち切るまでにはいかない。それで形は一定でなく器に従うが，体積は保たれる。これが液体だ。

　もっと温度があがると，引力を断ち切って運動し出す。もう自由にとびまわって，引力の影響は，ほとんど受けなくなる。これが気体の状態なのだ」

「あ，わかった。宇宙空間のCHなどの分子は，やはり気体というべきよ。まわりに他の分子がいないのだから，引力はないでしょう。集まるにも仲間がない。そしてさすらいの旅をしているのだから運動はしてるわけでしょう。そしたら気体よ，きっと」

「なるほど，そういうことになるかもしれんな。しかし，気体，液体，固体というのは，しょせん，地球上の物質密度の高い所でいうことだ。地球上の真空といわれる電球の中でも，宇宙空間に比べると，都市と過疎村の人口のような差があるのだからな。そしてまた太陽のような星の中では，プラズマといわれる，原子核と電子がバラバラになった別の物質の集合状態がある。三態が見られる地球上は，平穏な世界ということができるのだろう。ところで今問題にしているのは，気体の体積だった。宇宙の中の分子のことをいったのは，それが気体の仲間だとしても，体積はいったいいくらといえばよいのか，と考えるためだった。どうだ，1cm^{3}の空間の中に，OH分子が1個ある，というような時，その気体

の体積はいくらといえばよいのかね」

3．気体には自分の体積はない

「うーん，弱ったなあ」
「あはは，そこでこんな図（第Ⅸ―3図）を見て考えよう。ここに万年筆がある。この体積は15cm³くらいかな。これは，机の上にころがしておいても，コップの筆立てに立てておいても，こんなように空中にほうりあげても，いつも同じ形をして15cm³あるといえるだろう。

つまり固体の体積は容器に関係ないのだな。少し学問らしい表現をすると，ある固体を形成している分子の1個の体積をVとし，その数をNとし，分子がならんだ時のすき間の体積をSとすると，その固体の体積とは

$V \times N + S$

ということになるだろうな。このミカン箱の中の風船を考えてごらん」
「うーん，そうね」
「液体の場合は，分子の位置はずれる。だから容器によって形は変わる。つまり液体の形は容器しだいだが，底と側面があってこぼれなければ，液体の体積は同じだ。そしてその体積は，やはり，$(V \times N + S)$ であることはわかるね。液体ではSが，固体の場合より，ふつうは大きくなる」
「というと，液体でSが小さくなる物質もあるの？」

固体

容器に関係ない

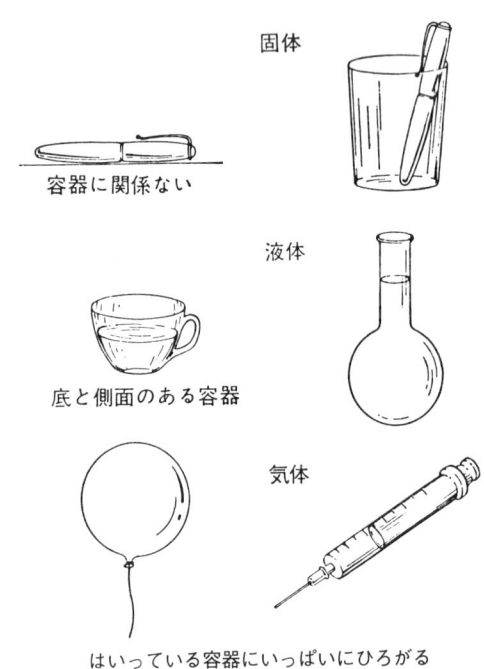

液体

底と側面のある容器

気体

はいっている容器にいっぱいにひろがる

Ⅸ—3. 体積を考える

「そう。氷は水に浮くだろう。密度が氷の方が小さいのだ。氷が水になっても,分子の数は変わらない。1個の分子の大きさも変わらない,とすると水の場合はSだけが小さくなったというわけだろう」

「あ,そうね。他にもそんなものあるの？」

IX 風船はなぜふくらんだか

すきま 分子数
S   N個

固体の体積
($NV+S$)

S

液体の体積
($NV+S$)

気体の体積
（S）

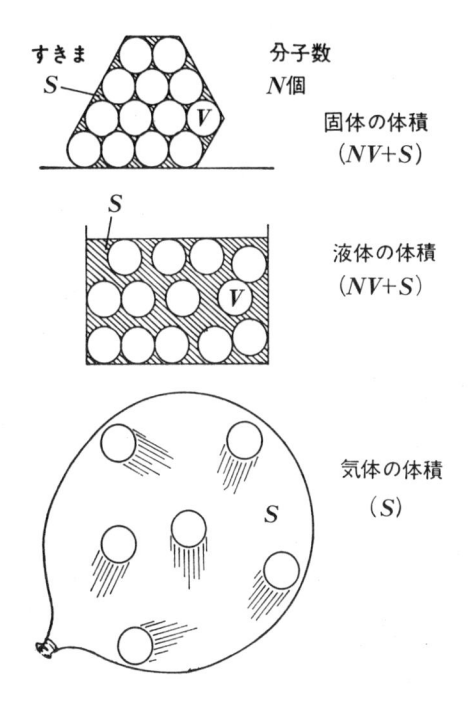

S

IX―4．大きくなるのはすきまだけ

「うん，活字を作る合金なんかもそうだ．さあ，では，その水が気体になったとしよう．さっきのドライアイスのゴム風船のように，気体になると，770倍にも体積はひろがる．ゴム風船の中に入れたドライアイスは外に出もしなければ，別のを入れたわけでもないから，分子数Nも，その体積Vも

変わらないはずだろう。すると大きくなったのは，Sだけだろう」

「ええ」

「今，ドライアイスの時の体積を（$NV + S$）と考える。そして気体になった時の体積を（$NV + S'$）と考える。すると

$$\frac{NV + S'}{NV + S} = 770$$

$$NV + S' = 770NV + 770S$$
$$S' = 770NV + 770S - NV$$
$$= 769NV + 770S$$
$$\fallingdotseq 770(NV + S)$$

つまり，気体になった時はすきまが，ドライアイスの体積の770倍になったと考えてもよいわけだろう」

「えーと，NVを0と考えてしまうのだから，$V = 0$，分子の体積を無視してしまう，ってこと」

「そう，分子の体積を無視してもよいくらい，気体の中の分子と分子の間の空間は大きくなっている，ということだ」

「それでは，気体の体積とは，分子のない空間に等しいということ？」

「そう，容器の大小にかかわらず，その中に気体を入れると，気体はその容器いっぱいにひろがる，ということ」（第Ⅸ—4図）

「なによ，持ってまわったいい方だけど，常識じゃない」

IX 風船はなぜふくらんだか

「うん、でも持ってまわって考えると、同じ体積という言葉を使っていても、固体や液体の体積と、気体の体積とでは、根本的にちがうことがわかっただろう。同じ $(NV + S)$ でも、固体や液体では NV の比重が大きく、気体では NV は無視してSだけ考えてよい、ということ」

4. 気体の法則

「さあ、そこでだ。こんどは、気体分子がこまめに縄ばり内をかけまわって、となりの分子の侵入を防いでいる、そのはねかえす力を考えよう。風船がふくらんでいるのは、そのような分子のはねかえす力の合計がゴムのちぢむ力とつり合っているのだ、ということはわかるね」
「ええ」
「その力の合計を気体の**圧力**という。さあ、そこで風船を手でおしてやる。すると風船はへこむね。手でおしただけ外からの圧力が加わった。それとつり合う気体の圧力も強まった。そして体積はちぢまった。圧力が増せば、体積はへる。つまり気体の体積と圧力は反比例の関係にある。圧力を P とし体積をVとすると、

$$V = k \frac{1}{P} \quad k: 比例定数$$

$$PV = k \cdots\cdots\cdots\cdots\cdots\cdots\cdots\cdots\cdots\cdots\cdots\cdots\cdots\cdots (1)$$

ということになる。この関係を、研究した人の名をとって、

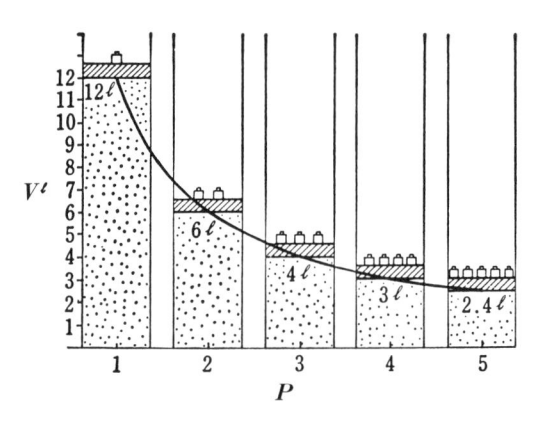

Ⅸ―5. ボイルの法則 （$PV=k$）

ボイルの法則という。（第Ⅸ―5図）これは確か中学校で習ったな。

それからね，風船を日なたにおくと，ふくらんではぜてしまうことがある。固体でも液体でも，温度があがると膨張するが，気体も規則正しく温度に比例して膨張する。実験してグラフにしてみると，このような直線関係（第Ⅸ―6図）になる。0℃のとき1 ℓ の体積の気体が，100℃になると1.37 ℓ になる，というわけだ。

さあ，この直線を左に延長していくと，横軸と交わることになる。温度の目盛りを左に延長してみると，-273℃のところだ。そしてその時の体積は0ということになる。さあ，体積が0とはどういうことだと思う」

216

IX 風船はなぜふくらんだか

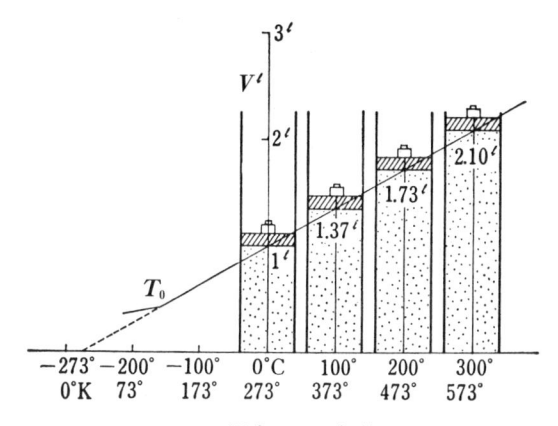

IX—6. 温度による気体の膨張

「うーん，気体の温度を下げていくと，どこかで液体になるはずでしょう？　それから先は液体の体積ということ？　それにしても体積が0とはおかしいわね」

「そう，実際の気体は，この辺，T_0としよう。ここらで液体になり，さらに温度が下がると体積はへるが点線のようにはならなくて，こんなように線は折れていくだろうね。つまり−273℃まで点線で延長した線は，気体が液体にならずにずっと気体のままで冷えたら，という仮定の線だ。ここで体積が0になるというのは，先ほど，物質の体積（$NV + S$）で気体ではNVを無視してSと考えてもよい，といったね。そのSが0になる，と考えたらよい。実際の物質ではNVは0にはならないからね」

「Sが0になる,というのは,分子の縄ばりが0になる,ということかしら?」

「そうなんだ。もう分子がこまめに動きまわって,縄ばりを守る力がなくなって,静止してしまう温度,と考えてよい。気体の分子は,熱エネルギーによって運動するのだから,運動が0になるということは,熱エネルギーも0,つまり温度が最低ということになる。この最低の温度は,摂氏目盛りでは−273°だが,ここを絶対零度として同じ摂氏の目盛りで温度を表わせるだろう。これを**絶対温度**という。つまり絶対温度を T,摂氏の温度を t とすると,

$$T° = t° + 273°$$

ということになる。

この絶対零度を原点とすると,気体の体積 V は絶対温度 T に比例するということになるね,このグラフは。つまり気体の体積 V は絶対温度 T に比例するというグラフ。

$$V = k'T \quad \cdots\cdots\cdots\cdots\cdots\cdots\cdots\cdots\cdots (2)$$

この関係を,**シャルルの法則**という」

「それを研究した人の名前なの?」

「そうだよ。では,ボイルの法則とシャルルの法則をまとめてみるとしよう。

はじめ,温度 T_1,圧力 P_1 の時,V_1 の体積のある気体が,温度が T_2 になり圧力が P_2 になったら体積も V_2 に変化したとする。この間の関係を式にしてみるのだ。

これは一度に考えずに,2段階にわけて考えるとわかりや

Ⅸ 風船はなぜふくらんだか

すい。(第Ⅸ―7図) つまり

$$\boxed{\begin{array}{c} P_1 \\ T_1 \\ V_1 \end{array}} \longrightarrow \boxed{\begin{array}{c} P_2 \\ T_2 \\ V_2 \end{array}}$$

を

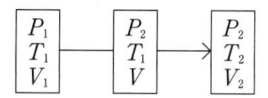

$$\boxed{\begin{array}{c} P_1 \\ T_1 \\ V_1 \end{array}} \longrightarrow \boxed{\begin{array}{c} P_2 \\ T_1 \\ V \end{array}} \longrightarrow \boxed{\begin{array}{c} P_2 \\ T_2 \\ V_2 \end{array}}$$

と2段階にわける。すると,第1段階では温度の変化はないのだから,ボイルの法則を使って

$$P_1 V_1 = k = P_2 V$$

$$V = \frac{P_1 V_1}{P_2} \quad \cdots\cdots\cdots\cdots\cdots\cdots\cdots\cdots (3)$$

となるね。次に第2段階は圧力に変化はなく温度が $T_1 \longrightarrow T_2$ と変化するのだから,シャルルの法則を使って

$$\frac{V}{T_1} = k' = \frac{V_2}{T_2}$$

$$V = \frac{V_2 T_1}{T_2} \quad \cdots\cdots\cdots\cdots\cdots\cdots\cdots\cdots (4)$$

(3)と(4)から

$$\frac{P_1 V_1}{P_2} = \frac{V_2 T_1}{T_2}$$

形を変えると

$$\frac{P_1 V_1}{T_1} = \frac{P_2 V_2}{T_2} \quad \cdots\cdots\cdots\cdots\cdots\cdots\cdots\cdots (5)$$

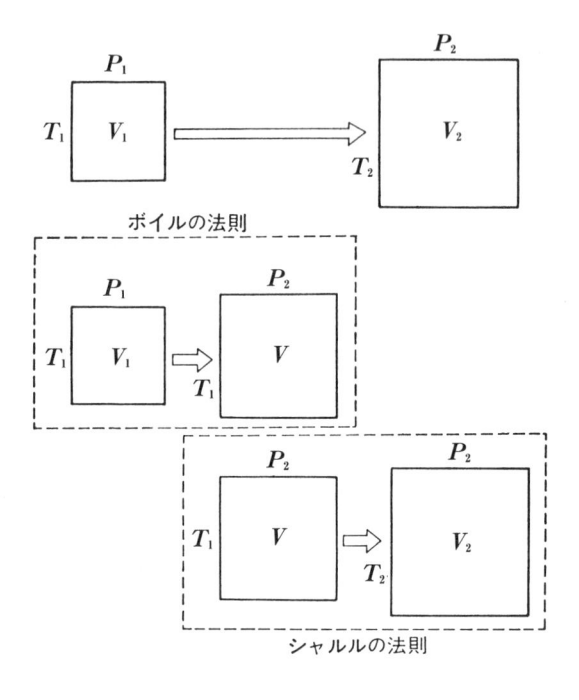

ボイルの法則

シャルルの法則

Ⅸ—7. まず圧力のみ,次に温度のみが上がると考えよう

これが両方をまとめた式で,ボイル-シャルルの法則という。言葉にすると,**気体の体積は絶対温度に比例し,圧力に反比例する**,ということになる。また,(5)の値を

$$\frac{P_1 V_1}{T_1} = \frac{P_2 V_2}{T_2} = R \text{ とすると}$$

IX　風船はなぜふくらんだか

$P_1V_1 = RT_1$ となる。これを一般式にして

$$PV = RT \quad \cdots\cdots\cdots\cdots\cdots\cdots\cdots\cdots\cdots (6)$$

これもボイル-シャルルの法則の式，ということになる。R は比例定数で，**気体定数**という」

「うーん，こういう式がならぶと，苦手なんだなあ。どんな時に役立つの？」

「役に立つものでないと，おぼえる気にはならないのか。実用の話の前に，もう一段階話しておくことがある。がまんせい」

5．気体の体積はその種類には関係がない

「では，もう一度，物質の体積にもどる。1個の分子の体積を V とし，N 個の分子が集まっている時，すき間を S とすると，その物質集合体の体積は

$$NV + S$$

であったね。そして固体や液体においては，S が小さいので，V が全体の体積をきめるのに大きな役割をした。つまり，その物質の分子の大きさに関係するので，N は同じでも全体の体積は物質の種類によってちがう。これはあたりまえだな，H_2 分子は小さく，NH_3 分子ともなると 4 倍以上大きい。

ところが，気体になると，S が NV の数百倍も大きくなるので NV の影響は無視してよい，といった。ということは，

気体の体積は種類には関係ない，ということになるだろう。S をきめるのは，分子の運動のはげしさ，つまり温度なのだ。そこでだ，容器の大きさをきめ，中に入れる分子の数を一定にし，運動のはげしさをきめる温度を一定にしてやると，どんな気体でも，同じような圧力を示す，ということになるだろう」
「うーん，そういうことかなあ」
「そこでだ。分子数を１モル，つまり 6×10^{23} 個とし，温度が０℃（絶対温度273°K），圧力が１気圧になる時の体積を調べる。するとそれが22.4 ℓ あるのだ。つめていうと，

『気体の１モルは０℃，１気圧で22.4 ℓ』

ということが確かめられた，というわけ」
「ほんとに，どんな気体でも，22.4 ℓ なの？」
「ということで，お前たちの習う化学ではおし通している」
「なによ，では，もっと上級の化学では，そうではない，というの？」
「まあそうだ」
「バカにしないでよ，いくら初等化学だって，ごまかしはいけないわよ」
「ごまかしではない，まあそう怒らずにこの表を見てくれ」
（第Ⅸ―８表）
「なによ，この理想気体というのは？」
「うん，完全にボイル-シャルルの法則に従う気体，$NV + S$ の NV を完全に無視してよい気体，という意味だ。実際の

Ⅸ 風船はなぜふくらんだか

気体名	化学式	体積	気体名	化学式	体積
理想気体		22.4 ℓ	メタン	CH_4	22.36
水素	H_2	22.43	アセチレン	C_2H_2	22.27
ネオン	Ne	22.43	エチレン	C_2H_4	22.25
ヘリウム	He	22.41	塩化水素	HCl	22.25
一酸化炭素	CO	22.41	硫化水素	H_2S	22.15
窒素	N_2	22.40	塩素	Cl_2	22.10
アルゴン	Ar	22.40	アンモニア	NH_3	22.08
酸素	O_2	22.39	二酸化イオウ	SO_2	21.90

Ⅸ—8. 0℃, 1気圧における1モルの体積

気体は NV を完全に無視しては少しまずいこともある。また, 分子と分子が衝突した時, 完全に弾性衝突をしないのもある, ということだ。まあ, こまめに動きまわりながら, となりの分子と出会うと, ちょっと立ち話をするやつもある, とでも考えるか。

　この表でわかるように, 窒素やアルゴンは理想気体と同じ, 水素や不活性気体は, 少し大きく, 反対に少し大きい複雑な分子は, 小さいのだ。しかし, まあ, ふつう実験室であつかう気体は, 22.4 ℓ としてよいことがわかるだろう。それで, 気体1モルは, 0℃, 1気圧で22.4 ℓ としているわけだ」
「わかったわ, くわしくは, この左の列の気体の場合22.4 ℓ と思えばいいってわけね」

「まあそういうこと。お前たちが学校でやる計算では，みんな22.4ℓを使っていると思うよ。

では，いよいよそれを使って計算をやってみるとするか。お前のいうどんな役に立つかを見るためにな」

6．反応する気体の体積を計算する

「まずやさしいところで，
　問題１．炭素１gを燃やした時できる二酸化炭素は０℃１気圧で何ℓか」
「よし，できるわよ。１モルから１モルができるから

$$\begin{array}{cc} 1\,g & x\,g \\ C + O_2 \longrightarrow CO_2 \\ 12\,g & 44\,g \end{array}$$

$$\frac{1}{12} = \frac{x}{44}$$

$$x = \frac{44}{12} = 3.67\,g$$

それから，二酸化炭素は１モル44gが22.4ℓだから，

$$\frac{22.4}{44} = \frac{x}{3.67}$$

$$x = \frac{22.4}{44} \times 3.67 = 1.87\,\ell$$

これでいいでしょう」

IX 風船はなぜふくらんだか

「うん,まあいいけれど,もっと要領よくできるだろう。

$$\begin{array}{cc} 1\,\text{g} & x\,\ell \\ \text{C} + \text{O}_2 \longrightarrow \text{CO}_2 \\ 12\,\text{g} & 1\,\text{モル} = 22.4\,\ell \end{array}$$

$$\frac{1}{12} = \frac{x}{22.4}$$

$$x = \frac{22.4}{12} = 1.87\,\ell$$

とね」

「あ,なるほど,CO_2は1モルを表わすから,はじめから22.4ℓとおいてしまうのね」

「そう,もし$2CO_2$とあったら$2 \times 22.4\,\ell$とすればよいのだ」

「そうね」

「では実験室の実際問題に移るぞ。

問題2. 10gの亜鉛に希硫酸を加えて発生する水素は何ℓか? ただし気圧は,765^{mm}Hg,室温は17℃である。

Zn =65とする」

「765^{mm}Hg,17℃というのは……いつ考えればいいの?」

「反応式でH_2と出ていたら0℃,1気圧22.4ℓのことだろう。だからまず0℃,1気圧を出して,ついでボイル-シャルルの式から765^{mm}Hg,17℃を出すのだ」

225

「あ, そうか。

$$\begin{array}{cc} 10\,\text{g} & x\,\ell \\ \text{Zn} + \text{H}_2\text{SO}_4 \longrightarrow \text{ZnSO}_4 + \text{H}_2 \\ 65\,\text{g} & 22.4\,\ell \end{array}$$

$$\frac{10}{65} = \frac{x}{22.4}$$

$$x = \frac{10}{65} \times 22.4\,\ell = 3.446\,\ell$$

これは 0℃, 1 気圧の体積だから765^{mm}Hg, 17℃にするには

$$\frac{P_1 V_1}{T_1} = \frac{P_2 V_2}{T_2}$$

$$\frac{760 \times 3.446}{273} = \frac{765 \times x}{290}$$

$$x = \frac{760}{765} \times \frac{290}{273} \times 3.446$$

$$= 3.637\,\ell$$

これでいい?」

「うん, よくまちがわなかった。この計算でひっかかるのは, 絶対温度になおすのを忘れることだ。17℃を290°Kにすること, それから, 1 気圧 = 760^{mm}Hg も知っていないといけないな。

ではもう一つ逆の計算をしよう。

問題3. 17℃, 0.95気圧の室内で10 ℓ の水素をほしい。亜

鉛何 g を希硫酸に加えればよいか。

「えーと，17℃，0.95気圧で10ℓの水素だから，反応式に当てはめるため，先に，それを0℃，1気圧に換算しておかねばだめね」

「そう，そう」

「よし

$$\frac{P_1 V_1}{T_1} = \frac{P_2 V_2}{T_2}$$

$$\frac{0.95 \times 10}{290} = \frac{1 \times V}{273}$$

$$V = \frac{273}{290} \times 10 \times 0.95 = 8.943 \, \ell$$

x g 　　　　　　　　　8.943 ℓ

Zn + H$_2$SO$_4$ ⟶ ZnSO$_4$ + H$_2$

65 g 　　　　　　　　　22.4 ℓ

$$\frac{x}{65} = \frac{8.943}{22.4}$$

$$x = \frac{8.943 \times 65}{22.4} = 25.95 \, g$$

これでいいでしょう」

「よろしい。ま，これで，何の役に立つ，といったボイル-シャルルの式も，使い道がわかっただろう」

「そうね。実験の準備の時，先生はこんな計算をしているわけね」

「そう,これからはお前も自分で計算することだ。実験室のことばかりではない。たとえば,ある発電所で,イオウ分の何%の重油を1日何kℓ燃やす,すると大気中にはき出される二酸化イオウは何m³になるか,なんてのも計算できるだろう」

「あ,そうね」

「さあ,これで化学反応式の計算はわかっただろう。"モル"をよくわかって使うこと,そして気体の体積が関係する場合はボイル-シャルルの法則を考える」

「ええ,まあ。化学の計算ってこれだけかしら?」

「いや,まだある。しかし,くりかえしていうが,分子や原子の個数と重さをつなげて考えるために"モル"は絶えず出て来ると思ってよい。その意味で,化学反応式を使った計算がわかることは,化学の計算のわかる基礎といえる」

「では,お兄さんの講義も,ここでひとまずおいて,私,今までの話をもう一度復習してみる。そしてよくわかった,と思えたら,また先の話をしてもらうわ」

「よかろう。C_2がペケだと怒っていた時のお前にくらべれば,しおらしくなったものだ」

「うふふ」

ということで,研一君とマリ子さんの化学の勉強は,ひとまず終わりということになりました。

さくいん

【あ行】

圧力	215
アミラーゼ	112
アルカリ	68, 140
アルカリ性	148
アンモニア	56
イオン	59
イオン化列	124, 125, 126
イオン結合	60, 63, 121
イザナギ型	51
イザナミ型	51
異性体	193
陰性	71
陰性元素	67
液体	25
エネルギー	37
塩	68, 151
塩基	68
塩基性酸化物	68
鉛樹	123
エントロピー	30
オゾン層	89

【か行】

化学	42
化学式	14
核化学	41
化合物	25
加水分解	193
価電子	79, 127, 161
価標	81
還元	154, 156
還元反応	155
感光剤	132
基	81
気体	25
気体定数	221
共有結合	56, 72
共有原子価	83
金属	73
金属結合	77
金属元素	67
金属樹	124
金属性	71
グラム原子	182
グラム分子	182
係数	98
結晶	61
原子価	82, 176
原子核	46
原子式	24
原子番号	49
原子物理学	41
原子量	176
元素記号	24

光合成	24, 31
酵素	112
構造式	81
固体	25
根	81

【さ行】

最外殻電子	66, 161
最小単位	22
酸	67, 140
酸化	154, 156
酸化数	158
酸化反応	155
酸化物	67
酸性	148
酸性酸化物	69
シアン基	56
質量保存の法則	168
シャルルの法則	218
周期	64
周期律	64
周期律表	64
自由電子	75
触媒	56, 111, 116
生物学	42
生命現象	39
赤色巨星	14
絶対温度	218
族	66
組成式	61
素粒子	35, 37
素粒子物理学	41

【た行】

第1周期	64
第2周期	64
第3周期	65
第4周期	65
ダイヤモンド	22
単体	25
中性	59
中性子	46
中和	68, 151
定比例の法則	172
テルミット	124
電荷	46, 59
電解質	63
電子	45, 59
電子殻	47, 53
電離	63, 135
当量	175, 176

【は行】

爆鳴気	105
白金海綿	111
発生期の酸素	145
反応式	98
光	37
非金属元素	67
非金属性	71
非電解質	63
ヒドロキシ基	56
ファンデルワールスの力	209

不活性気体	52, 59
物理学	42
分子式	61
ボーアの模型	65
ボイル-シャルルの法則	220
ボイルの法則	216

【ま行】

メチン基	56
モル	170, 182
モル濃度	188

【や行】

陽子	45
陽性	71
陽性元素	67

【ら行】

乱雑さ	30, 116
リトマス試験紙	148
両性酸化物	70

N.D.C.430　　232p　　18cm

ブルーバックス　B-1534

新装版　化学ぎらいをなくす本
しんそうばん　かがく　　　　　　　　　ほん
化学再入門

2006年11月20日　　第1刷発行
2022年10月12日　　第8刷発行

著者	米山正信（よねやままさのぶ）
発行者	鈴木章一
発行所	株式会社講談社
	〒112-8001 東京都文京区音羽2-12-21
電話	出版　03-5395-3524
	販売　03-5395-4415
	業務　03-5395-3615
印刷所	(本文印刷) 株式会社KPSプロダクツ
	(カバー表紙印刷) 信毎書籍印刷株式会社
本文データ制作	講談社デジタル製作
製本所	株式会社国宝社

定価はカバーに表示してあります。
©米山正信　2006, Printed in Japan
落丁本・乱丁本は購入書店名を明記のうえ、小社業務宛にお送りください。
送料小社負担にてお取替えします。なお、この本についてのお問い合わせは、ブルーバックス宛にお願いいたします。
本書のコピー、スキャン、デジタル化等の無断複製は著作権法上での例外を除き禁じられています。本書を代行業者等の第三者に依頼してスキャンやデジタル化することはたとえ個人や家庭内の利用でも著作権法違反です。
Ⓡ〈日本複製権センター委託出版物〉複写を希望される場合は、日本複製権センター（電話03-6809-1281）にご連絡ください。

ISBN4-06-257534-5

発刊のことば

科学をあなたのポケットに

二十世紀最大の特色は、それが科学時代であるということです。科学は日に日に進歩を続け、止まるところを知りません。ひと昔前の夢物語もどんどん現実化しており、今やわれわれの生活のすべてが、科学によってゆり動かされているといっても過言ではないでしょう。

そのような背景を考えれば、学者や学生はもちろん、産業人も、セールスマンも、ジャーナリストも、家庭の主婦も、みんなが科学を知らなければ、時代の流れに逆らうことになるでしょう。ブルーバックス発刊の意義と必然性はそこにあります。このシリーズは、読む人に科学的に物を考える習慣と、科学的に物を見る目を養っていただくことを最大の目標にしています。そのためには、単に原理や法則の解説に終始するのではなくて、政治や経済など、社会科学や人文科学にも関連させて、広い視野から問題を追究していきます。科学はむずかしいという先入観を改める表現と構成、それも類書にないブルーバックスの特色であると信じます。

一九六三年九月

野間省一

ブルーバックス　宇宙・天文関係書

番号	タイトル	著者
1394	ニュートリノ天体物理学入門	小柴昌俊
1487	ホーキング　虚時間の宇宙	竹内薫
1592	発展コラム式　中学理科の教科書　第2分野〈生物・地球・宇宙〉改訂版	石渡正志 編／滝川洋二 編
1697	インフレーション宇宙論	佐藤勝彦
1728	ゼロからわかるブラックホール	大須賀健
1731	宇宙は本当にひとつなのか	村山斉
1762	完全図解　宇宙手帳	渡辺勝巳／JAXA協力
1799	宇宙になぜ我々が存在するのか	村山斉
1806	新・天文学事典	谷口義明 監修
1861	発展コラム式　中学理科の教科書　生物・地球・宇宙編	石渡正志 編／滝川洋二 編
1887	小惑星探査機「はやぶさ2」の大挑戦	山根一眞
1905	あっと驚く科学の数字　数から科学を読む研究会	数から科学を読む研究会
1937	輪廻する宇宙	横山順一
1961	曲線の秘密	松下泰雄
1971	へんな星たち	鳴沢真也
1981	宇宙は「もつれ」でできている	ルイーザ・ギルダー／山田克哉 監訳／窪田恭子 訳
2006	宇宙に「終わり」はあるのか	吉田伸夫
2011	巨大ブラックホールの謎	本間希樹
2027	重力波で見える宇宙のはじまり	ピエール・ビネトリュイ／安東正樹 監訳／岡田好恵 訳
2066	宇宙の「果て」になにがあるのか	戸谷友則
2084	不自然な宇宙	須藤靖
2124	時間はどこから来て、なぜ流れるのか？	吉田伸夫
2128	地球は特別な惑星か？	成田憲保
2140	宇宙の始まりに何が起きたのか	杉山直
2150	連星からみた宇宙	鳴沢真也
2155	見えない宇宙の正体	鈴木洋一郎
2167	三体問題	浅田秀樹
2175	爆発する宇宙	戸谷友則
2176	宇宙人と出会う前に読む本	高水裕一
2187	マルチメッセンジャー天文学が捉えた新しい宇宙の姿	田中雅臣

ブルーバックス　数学関係書(Ⅱ)

- 1704 高校数学でわかる線形代数　竹内淳
- 1724 ウソを見破る統計学　神永正博
- 1738 物理数学の直観的方法（普及版）　長沼伸一郎
- 1740 マンガで読む 計算力を強くする　清水健一
- 1743 大学入試問題で語る数論の世界　清水健一
- 1757 高校数学でわかる統計学　竹内淳
- 1764 新体系 中学数学の教科書（上）　芳沢光雄
- 1765 新体系 中学数学の教科書（下）　芳沢光雄
- 1770 連分数のふしぎ　木村俊一
- 1782 はじめてのゲーム理論　川越敏司
- 1786 確率・統計でわかる「金融リスク」のからくり　吉本佳生
- 1788 「超」入門 微分積分　神永正博
- 1795 複素数とはなにか　示野信一
- 1808 シャノンの情報理論入門　高岡詠子
- 1810 算数オリンピックに挑戦 '08〜'12年度版　算数オリンピック委員会編
- 1818 不完全性定理とはなにか　竹内薫
- 1819 世界は2乗でできている　小島寛之
- 1822 オイラーの公式がわかるマンガ　原岡喜重
- 1823 三角形の七不思議　細矢治夫
- 1828 線形代数入門　鍵本聡 原作／北垣絵美 漫画
- 1828 リーマン予想とはなにか　中村亨

- 1833 超絶難問論理パズル　小野田博一／中川 聖 画／松島りつこ 画
- 1841 難関入試 算数速攻術　高岡詠子
- 1851 チューリングの計算理論入門　寺ود英孝
- 1880 非ユークリッド幾何の世界 新装版　寺阪英孝
- 1888 直感を裏切る数学　神永正博
- 1890 ようこそ「多変量解析」クラブへ　小野田博一
- 1893 逆問題の考え方　上村豊
- 1897 算法勝負!「江戸の数学」に挑戦　山根誠司
- 1906 ロジックの世界　ダン・クライアン／シャロン・シュアティル／ビル・メイブリン 絵／田中一之 訳
- 1907 素数が奏でる物語　西来路文朗／清水健一
- 1917 群論入門　芳沢光雄
- 1921 数学ロングトレイル「大学への数学」に挑戦　山下光雄
- 1927 確率を攻略する　小島寛之
- 1933 P≠NP問題　野﨑昭弘
- 1941 数学ロングトレイル「大学への数学」に挑戦 ベクトル編　山下光雄
- 1942 数学ロングトレイル「大学への数学」に挑戦 関数編　山下光雄
- 1961 曲線の秘密　松下泰雄
- 1967 世の中の真実がわかる「確率」入門　小林道正

ブルーバックス　数学関係書(I)

- 1407 入試数学 伝説の良問100 ……安田亨
- 1386 素数入門 ……芹沢正三
- 1383 高校数学でわかるマクスウェル方程式 ……竹内淳
- 1366 数学パズル「出しっこ問題」傑作選 ……仲田紀夫
- 1353 算数パズル とっておき勉強法 ……仲田紀夫"原作"/佐々木ケン"漫画"
- 1352 確率・統計であばくギャンブルのからくり ……谷岡一郎
- 1332 高校数学 これを英語で言えますか？ ……竹内淳
- 1312 マンガ おはなし数学史 ……仲田紀夫"原作"/岡部恒治"絵治"
- 1243 集合とはなにか 新装版 ……竹内外史
- 1201 自然にひそむ数学 ……佐藤修一
- 1037 道具としての微分方程式 ……斎藤恭一
- 1013 違いを見ぬく統計学 ……豊田秀樹
- 1003 マンガ 微積分入門 ……岡部恒治"絵治"/藤岡文世"絵"
- 926 原因をさぐる統計学 ……豊田秀樹
- 862 対数eの不思議 ……堀場芳数
- 833 虚数iの不思議 ……堀場芳数
- 722 解ければ天才！ 算数100の難問・奇問 ……中村義作
- 325 現代数学小事典 ……寺阪英孝"編"
- 177 ゼロから無限へ ……C・レイド／芹沢正三"訳"
- 120 統計でウソをつく法 ……ダレル・ハフ／高木秀玄"訳"
- 116 推計学のすすめ ……佐藤信

- 1684 ガロアの群論 ……中村亨
- 1678 新体系 高校数学の教科書(下) ……芳沢光雄
- 1677 新体系 高校数学の教科書(上) ……芳沢光雄
- 1657 高校数学でわかるフーリエ変換 ……竹内淳
- 1629 計算力を強くする 完全ドリル ……鍵本聡
- 1620 高校数学でわかるボルツマンの原理 ……竹内淳
- 1619 なるほど高校数学 ベクトルの物語 ……野﨑昭弘
- 1606 関数とはなんだろう ……山根英司
- 1598 離散数学入門 ……原岡喜重
- 1595 やさしい統計入門 ……柳井晴夫／C・R・ラオ
- 1557 数論入門 ……芹沢正三
- 1547 広中杯 ハイレベル 算数オリンピック委員会"監修"／青木亮二"解説"
- 1536 中学数学に挑戦 ……田栗正章／藤越康祝
- 1493 計算力を強くするpart2 ……鍵本聡
- 1490 計算力を強くする 改訂新版 ……鍵本聡
- 1479 暗号の数理 ……一松信
- 1453 なるほど高校数学 三角関数の物語 ……原岡喜重
- 1433 大人のための算数練習帳 図形問題編 ……佐藤恒雄
- 1429 大人のための算数練習帳 ……佐藤恒雄
- 1419 数学21世紀の7大難問 ……中村亨
- 1419 パズルでひらめく 補助線の幾何学 ……中村義作

ブルーバックス　医学・薬学・心理学関係書（Ⅱ）

- 1820 リンパの科学　加藤征治
- 1830 単純な脳、複雑な「私」　池谷裕二
- 1831 新薬に挑んだ日本人科学者たち　塚崎朝子
- 1842 記憶のしくみ（上）　エリック・R・カンデル／小西史朗・桐野豊 監修
- 1843 記憶のしくみ（下）　エリック・R・カンデル／小西史朗・桐野豊 監修
- 1853 図解 内臓の進化　岩堀修明
- 1859 図解 もの忘れの脳科学　苧阪満里子
- 1874 社会脳からみた認知症　伊古田俊夫
- 1889 新しい免疫入門　審良静男・黒崎知博
- 1896 コミュ障 動物性を失った人類　正高信男
- 1923 心臓の力　柿沼由彦
- 1929 薬学教室へようこそ　二井將光 編著
- 1931 神経とシナプスの科学　杉晴夫
- 1943 芸術脳の科学　塚田稔
- 1945 意識と無意識のあいだ　マイケル・コーバリス／鍛原多惠子 訳
- 1952 自分では気づかない、ココロの盲点 完全版　池谷裕二
- 1953 放射能と人体　山口真美
- 1954 発達障害の素顔　山口真美
- 1955 現代免疫物語beyond　岸本忠三／中嶋彰

- 1956 コーヒーの科学　旦部幸博
- 1964 脳からみた自閉症　大隅典子
- 1968 脳・心・人工知能　甘利俊一
- 1976 不妊治療を考えたら読む本　浅田義正／河合蘭
- 1978 カラー図解 はじめての生理学 上 動物機能編　田中（貴邑）冨久子
- 1979 カラー図解 はじめての生理学 下 植物機能編　田中（貴邑）冨久子
- 1988 40歳からの「認知症予防」入門　伊古田俊夫
- 1994 つながる脳科学　理化学研究所・脳科学総合研究センター 編
- 1996 体の中の異物「毒」の科学　奥田昌子
- 1997 欧米人とはこんなに違った日本人の「体質」　奥田昌子
- 2007 痛覚のふしぎ　伊藤誠二
- 2013 カラー図解 新しい人体の教科書（上）　山科正平
- 2024 カラー図解 新しい人体の教科書（下）　山科正平
- 2025 アルツハイマー病は「脳の糖尿病」　鬼頭昭三／新郷明子
- 2026 睡眠の科学 改訂新版　櫻井武
- 2029 生命を支えるATPエネルギー　二井將光
- 2034 DNAの98%は謎　小林武彦
- 2050 世界を救った日本の薬　塚崎朝子

ブルーバックス　医学・薬学・心理学関係書 (I)

- 921 自分がわかる心理テスト　志水　彰/角辻豊"監修
- 1021 人はなぜ笑うのか　志水　彰/中村真"監修
- 1063 自分がわかる心理テストPART2　芦原　睦"監修
- 1117 リハビリテーション　上田　敏
- 1176 考える血管　浜窪隆雄
- 1184 脳内不安物質　貝谷久宣
- 1223 姿勢のふしぎ　成瀬悟策
- 1258 男が知りたい女のからだ　河野美香
- 1315 記憶力を強くする　池谷裕二
- 1323 マンガ　心理学入門　N・C・ベンソン/大前泰彦"訳
- 1391 ミトコンドリア・ミステリー　林　純一
- 1418 「食べもの神話」の落とし穴　高橋久仁子
- 1427 筋肉はふしぎ　杉　晴夫
- 1435 アミノ酸の科学　櫻庭雅文
- 1439 味のなんでも小事典　日本味と匂学会"編
- 1472 DNA（上）ジェームス・D・ワトソン/アンドリュー・ベリー　青木薫"訳
- 1473 DNA（下）ジェームス・D・ワトソン/アンドリュー・ベリー　青木薫"訳
- 1500 脳から見たリハビリ治療　久保田競/宮井一郎"編著
- 1504 プリオン説はほんとうか？　福岡伸一
- 1531 皮膚感覚の不思議　山口　創
- 1551 現代免疫物語　岸本忠三/中嶋　彰

- 1626 進化から見た病気　栃内　新
- 1633 新・現代免疫物語「抗体医薬」と「自然免疫」の驚異　岸本忠三/中嶋　彰
- 1647 インフルエンザ　パンデミック　河岡義裕/堀本研子
- 1662 老化はなぜ進むのか　近藤祥司
- 1695 ジムに通う前に読む本　桜井静香
- 1701 光と色彩の科学　齋藤勝裕
- 1724 iPS細胞とはなにか　朝日新聞大阪本社科学医療グループ
- 1727 ウソを見破る統計学　神永正博
- 1730 たんぱく質入門　武村政春
- 1732 声のなんでも小事典　米山文明"監修
- 1761 人はなぜだまされるのか　和田美代子/石川幹人"監修
- 1771 呼吸の極意　永田　晟
- 1789 食欲の科学　櫻井　武
- 1790 脳からみた認知症　伊古田俊夫
- 1792 二重らせん　ジェームス・D・ワトソン　江上不二夫/中村桂子"訳
- 1800 ゲノムが語る生命像　本庶　佑
- 1801 新しいウイルス入門　武村政春
- 1807 ジムに通う人の栄養学　岡村浩嗣
- 1811 栄養学を拓いた巨人たち　杉　晴夫
- 1812 からだの中の外界　腸のふしぎ　上野川修一
- 1814 牛乳とタマゴの科学　酒井仙吉

ブルーバックス　化学関係書

- 969 化学反応はなぜおこるか　上野景平
- 1152 酵素反応のしくみ　藤本大三郎
- 1188 金属なんでも小事典　増本健″監修
- 1240 ワインの科学　清水健一
- 1296 暗記しないで化学入門　平山令明
- 1334 マンガ　化学式に強くなる　高松正勝″原作／鈴木みそ″漫画
- 1508 新しい高校化学の教科書（新装版）　左巻健男″編著
- 1534 化学ぎらいをなくす本（新装版）　米山正信
- 1583 熱力学で理解する化学反応のしくみ　平山令明
- 1591 発展コラム式　中学理科の教科書　第1分野（物理・化学）　滝川洋二″編
- 1646 水とはなにか（新装版）　上平恒
- 1710 マンガ　おはなし化学史　佐々木ケン″漫画／松本泉″原作
- 1729 有機化学が好きになる　米山正信／安藤宏
- 1816 大人のための高校化学復習帳　竹田淳一郎
- 1849 分子からみた生物進化　宮田隆
- 1860 発展コラム式　中学理科の教科書　改訂版　物理・化学編　滝川洋二″編
- 1905 あっと驚く科学の数字　数から科学を読む研究会
- 1922 分子レベルで見た触媒の働き　松本吉泰
- 1940 すごいぞ！　身のまわりの表面科学　日本表面科学会

- 1956 コーヒーの科学　旦部幸博
- 1957 日本海　その深層で起こっていること　蒲生俊敬
- 1980 夢の新エネルギー「人工光合成」とは何か　光化学協会″編／井上晴夫″監修
- 2020 「香り」の科学　平山令明
- 2028 元素118の新知識　桜井弘″編
- 2080 すごい分子　佐藤健太郎
- 2090 はじめての量子化学　平山令明
- 2097 地球をめぐる不都合な物質　日本環境化学会″編著
- 2185 暗記しないで化学入門　新訂版　平山令明

ブルーバックス12cmCD-ROM付

- BC07 ChemSketchで書く簡単化学レポート　平山令明